新农村建设实用技术丛书

水果型黄瓜栽培

科学技术部中国农村技术开发中心
组织编写

中国农业科学技术出版社

图书在版编目（CIP）数据

水果型黄瓜栽培/张德纯编著．—北京：中国农业科学
技术出版社，2006
（新农村建设实用技术丛书）
ISBN 978 - 7 - 80233 - 042 - 9

Ⅰ．水… Ⅱ．张… Ⅲ．黄瓜—保护地栽培 Ⅳ．S626

中国版本图书馆 CIP 数据核字（2006）第 089071 号

责任编辑	鲁卫泉
责任校对	贾晓红　康苗苗
整体设计	孙宝林　马　钢

出版发行	中国农业科学技术出版社
	北京市中关村南大街 12 号 邮编：100081
电　话	（010）68919704（发行部）（010）62189012（编辑室）
	（010）68919703（读者服务部）
传　真	（010）68975144
网　址	http://www.castp.cn
经销者	新华书店北京发行所
印刷者	中煤涿州制图印刷厂
开　本	850 mm×1168 mm 1/32
印　张	4.25　插页 1
字　数	108 千字
版　次	2006 年 8 月第 1 版 **2011年9月第13次印刷**
定　价	9.80 元

《新农村建设实用技术丛书》
编辑委员会

主　　任： 刘燕华

副 主 任： 杜占元　吴远彬　刘　旭

委　　员：（按姓氏笔画排序）

方智远　王　喆　石元春　刘　旭

刘燕华　朱　明　余　健　吴远彬

张子仪　李思经　杜占元　汪懋华

赵春江　贾敬敦　高　潮　曹一化

主　　编： 吴远彬

副 主 编： 王　喆　李思经

执行编辑：（按姓氏笔画排序）

于双民　马　钢　文　杰　王敬华

卢　琦　卢兵友　史秀菊　刘英杰

朱清科　闫庆健　张　凯　沈银书

林聚家　金逸民　胡小松　胡京华

赵庆惠　袁学国　郭志伟　黄　卫

龚时宏　翟　勇

《水果型黄瓜栽培》编写人员

张德纯　编著

张德纯

　　男，汉族，研究员，1947 年生于辽宁省沈阳市。1982 毕业于北京大学生物系。毕业后到中国农业科学院蔬菜花卉研究所工作，先后担任温室管理处副处长、农业部蔬菜品质监督检验测试中心副主任、中心实验室主任等职。现从事国外引种及特种蔬菜研究工作。发表的专著有：《芽苗菜及栽培技术》、《芽苗菜栽培技术百问》、《芽苗菜生产技术图册》、《体芽菜生产技术图册》、《新兴蔬菜图册》等。1999 年获农业部科技进步二等奖，2000 年获国家科技进步三等奖，2001 年获河北山区创业二等奖。享受国家特殊津贴。

序

丹心终不改，白发为谁生。科技工作者历来具有忧国忧民的情愫。党的十六届五中全会提出建设社会主义新农村的重大历史任务，广大科技工作者更加感到前程似锦、责任重大，纷纷以实际行动担当起这项使命。中国农村技术开发中心和中国农业科学技术出版社经过努力，在很短的时间里就筹划编撰了《社会主义新农村建设系列科技丛书》，这是落实胡锦涛总书记提出的"尊重农民意愿，维护农民利益，增进农民福祉"指示精神又一重要体现，是建设新农村开局之年的一份厚礼。贺为序。

新农村建设重大历史任务的提出，指明了当前和今后一个时期"三农"工作的方向。全国科学技术大会的召开和《国家中长期科学技术发展规划纲要》的发布实施，树立了我国科技发展史上新的里程碑。党中央国务院做出的重大战略决策和部署，既对农村科技工作提出了新要求，又给农村科技事业提供了空前发展的新机遇。科技部积极响应中央号召，把科技促进社会主义新农村建设作为农村科技工作的中心任务，从高新技术研究、关键技术攻关、技术集成配套、科技成果转化和综合科技示范等方面进行了全面部署，并启动实施了新农村建设科技促进行动。编辑出版《新农村建设系列科技丛书》正是落实农村科技工作部署，把先进、实用技术推广到农村，为新农村建设提供有力科技支撑的一项重要举措。

这套丛书从三个层次多侧面、多角度、全方位为新农村建设提供科技支撑。一是以广大农民为读者群，从现代农业、农村社区、城镇化等方面入手，着眼于能够满足当前新农村建设中发展生产、乡村建设、生态环境、医疗卫生实际需求，编辑出版《新农村建设实用技术丛书》；二是以县、乡村干部和企业为读者群，着眼于新农村建设中迫切需要解决的重大问题，在新农村社区规划、农村住宅设计及新材料和节材节能技术、能源和资源高效利用、节水和给排水、农村生态修复、农产品加工保鲜、种养殖等方面，集成配套现有技术，编辑出版《新农村建设集成技术丛书》；三是以从事农村科技学习、研究、管理的学生、学者和管理干部等为读者群，着眼于农村科技的前沿领域，深入浅出地介绍相关科技领域的国内外研究现状和发展前景，编辑出版《新农村建设重大科技前沿丛书》。

该套丛书通俗易懂、图文并茂、深入浅出，凝结了一批权威专家、科技骨干和具有丰富实践经验的专业技术人员的心血和智慧，体现了科技界倾注"三农"，依靠科技推动新农村建设的信心和决心，必将为新农村建设做出新的贡献。

科学技术是第一生产力。《新农村建设系列科技丛书》的出版发行是顺应历史潮流，惠泽广大农民，落实新农村建设部署的重要措施之一。今后我们将进一步研究探索科技推进新农村建设的途径和措施，为广大科技人员投身于新农村建设提供更为广阔的空间和平台。"天下顺治在民富，天下和静在民乐，天下兴行在民趋于正。"让我们肩负起历史的使命，落实科学发展观，以科技创新和机制创新为动力，与时俱进、开拓进取，为社会主义新农村建设提供强大的支撑和不竭的动力。

中华人民共和国科学技术部副部长 刘燕华

2006 年 7 月 10 日于北京

目　录

一、概　述

（一）水果型黄瓜的由来

　　水果型黄瓜属于小型黄瓜类型，是近几年引进、培育出的适合鲜食的黄瓜品种。随着我国国民经济的高速发展，人民生活水平大幅提高，蔬菜作为人们日常生活中必需的副食品，市场供应充足，早已摆脱了短缺经济时代以满足数量消费为主要目标的消费格局，从而对蔬菜的质量从外形、色泽、风味、营养、保健、包装、清洁无污染以及种类品种多样化等方面，提出了可供多元选择的更高要求，从而促成了蔬菜消费由数量消费型向质量消费型的转变。此外，随着现代化生活的进展，三口人小家庭成为家庭结构的主体单位，加之生活节奏显著加快，从而对蔬菜产品提出了小型化、方便化的相应要求。另一方面随着农业现代化的进展和农业生产结构的进一步调整，广大农区积极发展蔬菜等经济作物，农区已形成大面积专业化商品菜基地，从而使蔬菜产销体制改变了过去"大中城市郊区以菜为主，就地生产，就地供应"的格局，逐步向着不同生态、经济区域之间，相互补充、彼此依存的区域化方向发展和完善。而区域化种植的合理布局以及农区较廉价的劳动力，使成本较低的农区蔬菜产品在市场竞争中处于优势地位，并对处于相对劣势的城市郊区和发展较早的蔬菜基地造成了严重的威胁，更导致了比较效益的下降。这一发展趋势，迫使这部分菜农千方百计地寻找并种植产值更高、产品更新型的蔬菜种类和品种，以有效地抑制比较效益的下滑。正是在上述这种社会和经济发展背景之下，水果型黄瓜应运而生；并以其产品玲珑小巧、色彩鲜绿、口感脆嫩、风味嘉良、亦蔬亦果、富含营养，且适于精细包装、净菜上市、便于食用等特点，既符合消费发展的潮流，又符合物以稀为贵、优质优价的市场规律，因而受到消费者和生产者的青睐，从而促使其悄然兴起，栽遍大江南北。

我国南北方有多种小型黄瓜，但作为小型黄瓜中的水果型黄瓜，早期栽培的品种多为国外品种，尤以从荷兰引进的品种最早、最多，故水果型黄瓜又有荷兰水果黄瓜之称。在欧美国家，黄瓜是一种重要的蔬菜，多为生食。育种专家根据消费习惯，培育出多种水果型黄瓜优良品种，并在黄瓜栽培中占有相当高的比例。随着改革开放后的"洋菜中种"热潮，水果型黄瓜被引进我国，作为"特菜"供应市场。最早，水果型黄瓜仅在高级宾馆饭店的餐桌上才能见到，现在已成为一般的大众消费。水果型黄瓜栽培面积在国内不断增长，种子需求量越来越多，我国育种专家也培育出一些水果型黄瓜品种，以满足国内生产的需要。

水果型黄瓜这一从国外引进的蔬菜品种，已入乡随俗、生根长叶、落地安家，成为我国黄瓜生产大家族中的后起之秀了。其栽培规模日益扩大，生产效益不断增加，也为广大生产者和育种专家带来了新的机遇。

（二）水果型黄瓜的特点

水果型黄瓜主要用于生食，根据这一食用习惯，其本身具有如下特点。

水果型黄瓜长度一般不超过 18 厘米，多在 10～15 厘米之间，直径约 3 厘米，重 50～100 克。过长、过粗已不具有其小巧的特性，乃至和普通型黄瓜一样，失去其特有的商品外观。

水果型黄瓜果皮薄、心室小：果肉比重大，口感清香脆嫩，风味浓郁，品质好，多用于生食。其表皮一般细腻、光滑，无棱刺，易清洗。皮薄且嫩，可带皮吃。黄瓜中所含维生素 A，主要存在于黄瓜的表皮中，黄瓜带皮食用可增加维生素 A 的摄入量。有些水果型黄瓜品种表皮有瘤刺，但皮也很薄、很嫩，同样可以带皮吃。

水果型黄瓜强调其水果性状，一般表皮色泽光亮、嫩绿，果肉脆嫩、多汁、味甜，有水果的清香风味。

水果型黄瓜多为强雌性品种，瓜码密，单株结瓜多，不经授粉即能完成果实发育。连续结果能力极强，每片叶腋处可坐瓜 2~3 条，果实成熟度一致。一般普通的黄瓜品种，每节长度是 16~20 厘米，每株结瓜 18 条左右。而水果型黄瓜每节长度为 9~12 厘米，每株结瓜 60 条以上，最多结瓜达 85 条，有很大的高产潜力，在国外，进行无土栽培，亩产可达 3 万公斤左右。

水果型黄瓜多为保护地栽培，商品性好，可周年上市供应。

水果型黄瓜目前仍属"特菜"，主要市场为宾馆、饭店及大城市的市民消费。

（三）水果型黄瓜生产销售中应注意的问题

近年，随着蔬菜生产的迅猛发展，消费者对蔬菜产品的需求正在由数量消费型向质量消费型过渡。为了适应市场的变化，蔬菜在种植花色品种上发生了很大的变化，出现了蔬菜种类多样化的生产方式。习惯上将一些珍稀的蔬菜称为"特菜"。水果型黄瓜就是特菜中的一种。"特菜"在生产、销售中要突出 4 个特字：即"特种"（zhǒng）、"特种"（zhòng）、"特卖"、"特吃"。

"特种（zhǒng）"即要求品种新颖、适销，如黄瓜是一般常见蔬菜，但选用荷兰"迷你"型黄瓜品种，其果型为短圆柱形，颜色深绿，表皮光滑无刺，吃起来有水果的清香，由于其形状、口味均不同于一般黄瓜，水果型黄瓜是以其特殊的形状和种类受到消费者欢迎，占据了市场。

"特种（zhòng）"就是在特殊的环境下，采用不同适于作物生长的栽培手段，以改变一些蔬菜常见的上市时间、或使原有的色彩、口感、风味等品种特性得到改善。水果型黄瓜多采用保护地设施栽培，用以调解产品上市时间。栽培中采用无土栽培，以提高其产品质量。

"特卖"即根据特菜的自身特点，形成特殊的销售渠道。特菜除在一些超市销售外，主要供给一些宾馆、饭店。近年来，节假日的礼品菜，采用精美的箱式包装，以特菜作为主体品种，也成了特菜的一种特殊的销售方式。另外像"菜园采摘"，鼓励消费者到基地生产现场进行采摘，这样即丰富了消费者的生活情趣，又增加了消费者对蔬菜生产的知识。此种作法，不失为一种很有意义的销售方式。水果型黄瓜在销售中多采用上述销售方法，取得了较好的经济效益。

"特吃"即水果型黄瓜以生食为好，只有生食才能更好地体现其脆嫩多汁、清香爽口、风味浓郁、口感脆甜的特点。一般黄瓜要削皮吃，水果型黄瓜可带皮吃；一般黄瓜以炒食、作汤为主，水果型黄瓜以生食为主。这些特殊的吃法，充分体现了产品的特点，达到了物以致用的目的，也给消费者一种新鲜感。因而在特菜销售中，除介绍其菜的风味、营养，最好加以烹调方法说明，使消费者更好地利用特菜的奇特外形、艳丽色彩、佳良的口感、独特的风味烹调出可口的菜肴。推广、发展特菜，"四特"缺一不可，市场经济要求蔬菜科研及生产者不但要种好特菜，卖好特菜，也要研究如何吃好特菜。

"特菜"在生产、销售中还应注意下述一些问题：

首先、正确引导消费，避免误导盲目种植。

"特菜"是一个动态概念，一些较新颖的种类和品种还远未被广大消费者所熟悉和接受，应首先要进行适应性试种和选择，其次要引导消费。在报刊、杂志、电台、电视台等多种新闻媒体上作广泛宣传；同时在发展生产时要优先考虑开辟市场，打通销售渠道。但是，要避免商业炒作，过于抬高某些特菜价值。种特菜，总是少数人先赚钱，如果说认为种"特菜"是提高种菜效益的主渠道，那就会出现误导。发展特菜种植，同样要恪守实事求是的原则，切忌盲目发展，以免造成不应有的经济损失。

第二，小批量生产，均衡上市。

特菜种类和品种繁多，生长期和形成期参差不齐，生长条件和栽培技术各有不同，在生产时应采取："多品种栽培、小批量生产，多茬口安排，均衡上市供应"的策略，以免产品在被广大消费者接受之前过量生产，造成滞销。

第三，实现无公害化生产。

特菜除着重其商品品质、营养品质外，更重要的是卫生安全品质。特菜在超市、饭店供应时，均应达到无公害蔬菜的标准，以至达到绿色食品标准。为了满足这一要求，特菜种植环境的土壤、水分要求必须符合无公害蔬菜生产环境标准。在生产中，给作物提供良好的生长条件，保证温、光、水、气、肥的最适供给，采用无公害蔬菜栽培技术，使作物不生病、少生病，减少农药施用量和施用次数。在作物发生病害时，严格按农药使用准则施用农药。使消费者吃的特菜是放心的、无公害的特菜。

第四，重视采后处理，提高特菜档次。

特菜成本一般高于普通蔬菜、为了提高其附加值，应重视采后处理。从产品整形、预冷、冷藏、运输及冷链销售等一系列环节入手，尽量缩短产品从采收到货架所需时间，减少损耗，提高和保证特菜产品的档次，建立起特菜作为新兴、优质、高档蔬菜的声誉，保证其高档的品牌地位。

第五，加强品种改良研究，提高栽培技术水平。

大多数特菜无论是种类、品种、还是栽培方法，均处于发展阶段，尚缺乏能满足当前大面积生产需要的、由我国自己选育并具有各种生态类型的优良品种，一些特菜种子仍需依靠进口，如水果型黄瓜的优良品种。所以，一方面要对现有的特菜品种注意进行提纯复壮，另一方面对部分具有大面积开发前景的特菜进行新品种选育。特菜的栽培技术和制种技术也有待改进和提高，使特菜的产品质量达到应有的水平。

特菜是目前蔬菜生产中的一个热点，种好、卖好特菜会提高种菜的经济效益。

二、水果型黄瓜保护地栽培的设施、环境条件

水果型黄瓜采用保护地设施栽培。保护地设施种类很多，选择结构合理、经济适用的主体设施及相应的附属设施，了解设施的性能并能较好的使用、管理设施，是生产优质产品的重要保证。

（一）水果型黄瓜保护地栽培设施的类型、结构与性能

设施栽培是在不适合作物自然生长的条件下，通过人为创造的设施环境来保证正常生产。设施是否符合规范、是否能满足作物生长的需要，是减少乃至不发生病虫危害，保证产品质量的关键。水果型黄瓜栽培设施主要有塑料大棚、日光温室和现代化大型温室等。在广大农村、园区、蔬菜基地，水果型黄瓜栽培设施为塑料大棚和日光温室。随着农业现代化的发展，我国自 20 世纪 80 年代引进现代化大型连栋温室后，温室产业有了长足的发展。目前，我国已有现代化大型连栋温室约 30 000 亩。在现代化大型连栋温室中栽培黄瓜，主要以水果型黄瓜为主。

1. 塑料大棚的类型和结构特点

（1）类型 塑料大棚是用竹木、水泥、钢材等材质做成支架或拱架，上面覆盖塑料薄膜而形成的一种棚式设施结构，可用于春季、秋季水果型黄瓜栽培。如果配有遮阳网和防虫网，在夏季也可用于水果型黄瓜栽培。

①竹木结构塑料大棚：骨架主要用竹竿和木杆组成。跨度

12～14 米，高 2.2～2.4 米，长 50～60 米。以 3～6 米长粗竹竿为拱杆，每排拱杆有 6 根立柱支撑。拱杆间距 1 米，拱杆间用拉杆纵向连接。骨架上覆盖塑料薄膜。竹木结构塑料大棚取材方便、建造容易、投资少，但立柱多，遮阴部位大，操作不方便，使用年限短。

②水泥柱钢筋梁竹木大棚：立柱采用钢筋水泥预制柱，拱杆为竹竿。骨架比竹木结构大棚牢固、耐用、抗风能力强，可用 5 年左右。一般棚长 40 米以上，宽 12～14 米，高 2.2～2.4 米。水泥柱钢筋梁竹木大棚立柱较少，遮阴少。由于骨架比竹木结构大棚坚固，抗风能力强，一般能用 5 年以上。

③无柱钢架大棚：无柱钢架大棚采用钢筋构建，跨度 10～12 米，拱高 2.5～2.7 米，每隔 1 米设一道拱梁。拱梁上弦用 16 毫米粗钢筋，下弦用 14 毫米粗钢筋，上下钢筋之间用 10 毫米粗钢筋拉花焊接。梁与梁之间在下弦用 14 毫米粗钢筋连接。棚内无支柱，光照好，抗风能力强，便于操作。

④装配式镀锌钢管大棚：装配式镀锌钢管大棚采用镀锌钢管制成大棚预构建，根据需要可自行拆卸，棚膜覆盖可用扣卡卡在固定槽内，棚膜覆盖牢固。棚内空间大，无立柱，光照充足，便于操作。是较为理想的塑料大棚。

（2）塑料大棚结构特点　塑料大棚尽管所用材质不同，但在建造选址、结构及使用要求上有共同之处。

塑料大棚建造场地应选在背风、向阳、土质肥沃，无大气、水质、土壤污染的地块，棚内应有排灌设施。

南方地区单栋式大棚宽度 6～8 米，北方多为 10～14 米，长度 40～60 米。棚的中高和两侧肩高与跨度曲率在 0.15～0.20 之间（曲率 = 中高与肩高差/跨度）南北走向，两棚之间保持 4 米以上棚间距，确保棚与棚之间不遮阴。

塑料大棚可用于春、夏、秋三季生产，夏季生产时去掉塑料薄膜，换用防虫网和遮阳网，进行越夏生产。

（3）塑料大棚性能　大棚白天升温快，晴天上午每小时增温5～8℃，阴雨天平均3℃左右。夜间降温也较迅速，下午16～17时可降温10℃。昼夜温差较大，棚内气温的变化与外界气温变化趋势基本一致。3月上中旬，大棚内平均气温比外界高7～11℃，4月份棚内最高气温可达40℃，最低气温3℃以上，9～10月棚内仍能适合多种蔬菜正常生长，11月份以后棚内会出现霜冻。外界气温低于5℃时，塑料大棚就不能进行水果型黄瓜栽培生产。春季生产时，10厘米地温比露地高5～6℃，华北地区2月中旬大棚内10厘米地温可达8℃，9月份以后棚内地温开始下降，11月份棚内地温降到多数蔬菜临界温度以下，无法进行生产。

大棚内的光照强度始终低于外界光照，照度一般为外界的50%～60%。影响光照的因素有大棚的结构、建棚材质、覆盖棚膜的质量。钢管骨架无柱大棚，覆盖棚膜采用无滴膜，光照最好。塑料薄膜透光率低于普通玻璃，但能使紫外光透过，红外光透过率也比普通玻璃多，有利于蔬菜生长。这一点，塑料大棚优于玻璃温室。

大棚内的湿度在3～10月间，白天湿度一般在50%～60%，夜间多在90%以上。浇水以后，棚内湿度能提高8%～10%。棚内温度每升高1℃，湿度降低3%～4%。

2. 高效节能型日光温室

日光温室是一种以太阳能为主要热源，冬季不加温，或只进行少量补温，三面围墙，屋脊高度3米左右，跨度在6～10米的保护地设施。其中一类不加温或基本不加温，在北方深冬季可以进行喜温类蔬菜生产的，称之为高效节能型日光温室；另一类深冬只能进行耐寒蔬菜生产的，称为普通日光温室。常见的普通日光温室有：辽宁海城市感王镇的长后坡矮后墙半拱圆形日光温室、琴弦式日光温室、一斜一立式日光温室。普通日光温室不适于冬季黄瓜生产。水果型黄瓜秋冬茬和冬春茬生产主要依赖于高效节能型日光温室进行栽培。

高效节能型日光温室是充分依靠阳光辐射提高温室温度，并采取多种措施加强防寒保温，创造适于蔬菜生产所需温度、湿度、光照、气体等条件进行蔬菜保护地生产的重要设施。

（1）高效节能型日光温室场地的选择　建造高效节能型日光温室的场地，要求选择在地形开阔、地势平坦、高燥，东西南三面无高大物件遮挡，避开风口、风道、河谷、山川，北部最好有山岗、林带作天然风障的地点。在山区建温室，最好建在阳坡，坡向以北高南低较好。土地条件要求排灌方便，地下水位低，无盐渍化的地块。土壤要求肥沃、耕层松软，一般要求壤土或沙壤土。所选地块应在3～5年内没有种过瓜类和茄果类蔬菜，以减少病虫害发生。在城郊，不宜将温室建在工厂的下风地段，以免受有毒烟尘的污染和危害。在公路旁建造温室，至少远离主干线公路100米以上。

（2）高效节能型日光温室结构要求　在我国北纬33°～43°地区，高效节能型日光温室的基本结构规格为：

①跨度：温室北墙内侧至南侧底角间距离，北纬41°以北跨度不大于6米，以南可适度加宽。

②高度：温室脊高到地面高度，6米跨度时高度不低于2.8～3米，7米跨度温室高度不低于3.3～3.5米。

③前后屋面角度：前屋面角指塑料膜与地平面夹角，约20.5°～31.5°，后屋面角约30°～40°。

④温室墙体厚度和后坡厚度：前者以当地冻土层加30厘米，后者40～70厘米为宜。

⑤后坡水平投影：北纬33°～43°之间，温室后坡水平投影为1.0～1.4米。

⑥温室东西长度：45～60米，耳房可设在温室两侧。超过60米长，耳房可设在温室中间。

⑦温室方向：坐北朝南，可偏东或偏西（抢阳、抢阴）5°。

⑧温室间距：温室高度的 2 倍再加 1 米，防止前后温室遮阴。

（3）鞍Ⅱ型日光温室 鞍Ⅱ型日光温室是在吸收各地日光温室优点的基础上，由鞍山市园艺研究所设计的一种无立柱结构的高效节能型日光温室（表1）。经生产中实践检验，其采光、增温和保温效果均好于同跨度和同等高度的一斜一立式日光温室，适于水果型黄瓜栽培的日光温室设施类型。

表1 钢架无柱高效节能型日光温室每亩用料表

名称	规格（厘米）	单位	数量	用途	重量（公斤）
镀锌管	6 分 × 960	根	105	拱架上弦	1 740
钢筋	Φ12 × 900	根	105	拱架下弦	840
钢筋	Φ10 × 1 350	根	105	拉花	875
钢筋	Φ10 × 8 800	根	4	顶梁筋	219
钢筋	Φ5.5 × 60	根	180	箍筋	19
镀锌管	4 分 × 8 800	根	3	拉筋	341
钢筋	Φ10 × 8 800	根	2	预埋	109
镀锌管	6 分 × 9 000	根	1	后坡栓绳	152
					4 259
细铁丝	16	公斤	1	绑线	
水泥	325	吨	1	砌筑打梁	
沙子		立方米	20	打梁	
碎石	3～5	立方米	3	打梁	
白灰		袋	30	抹内墙皮	
木材		立方米	3	门窗	
油毡		捆	30	防水	
沥青		公斤	200	防水	
薄膜	0.01	公斤	70	覆盖	
压膜线		公斤	30	压膜	
草苫		块	110		
红砖		块	70 000		

鞍Ⅱ型日光温室跨度6米，中脊高2.7～2.8米，后墙高1.8米，为双二四砖砌空心墙，内填珍珠岩12厘米厚或装12厘米厚

的苯板等保温材料。前屋面为钢结构一体化半圆拱形片梁，上弦为4厘米直径的钢管，下弦为 Φ10～12 毫米圆钢，上下弦之间用Φ8 毫米圆钢作拉花连接。后坡长约 1.7～1.8 米，仰角 35°，水平投影宽度 1.4 米。后屋面拱架上铺水泥预制板，板与后墙上加高的女儿墙之间铺轻体保温材料，厚度不少于 60 厘米。前屋面片梁与地面夹角约 50°，与地面基础用预埋铁焊接固定。

（4）日光温室性能　日光温室内的光强分布表现为靠近前屋面薄膜处最强，随高度下降递减。在薄膜内侧附近的光强为外界的80%，距地面0.5～1 米处的光强为60%。距地面20 厘米处光强为55%。从水平方向看，温室南侧光照强度大于北侧。

日光温室室内温度变化受日照影响较大，在不加温情况下，晴天光照充足时，外界温度很低，温室内温度仍然可以升高。遇到阴天，有时外界温度并不低，但室内温度也很难升高。温室内晴天变化显著，最低气温出现在揭苫后较短一段时间内，以后迅速上升。在 11 时升得最快，每小时可上升 6～10℃，13 时达到最高值。此后开始下降，15 时后下降最快。盖苫后，下降速度减慢，从盖苫到次日凌晨，室内气温只下降4～7℃

北纬40°地区冬季冻土层一般在 60～80 厘米，日光温室的地温一般在10℃以上。地温以前底角南 1 米，后墙以北 0.5 米温度高，后墙处地温稍低于中部，但高于前部。日光温室晴天地表温度最高，地表温度最高出现在 13 时，地下 5 厘米处在 14 时，10 厘米处在 15 时，大约每小时向下传递 5 厘米。

日光温室结构严密，封闭性强室内湿度较大，冬季不放风的情况下，白天多在 70%～80%，夜间常达到 90%～95%，有时甚至达到饱和。

日光温室内土壤的温度几乎全年都高于露地，土壤湿度也比较大，土壤中微生物活动旺盛，有利于土壤养分转化和有机质的分解，同时也导致了土传病害的猖獗。由于在覆盖条件下生产，不受雨淋，土壤养分流失少，肥料的利用率高，但常常也因此产生土壤中盐分浓度过高而造成土壤盐渍化。

3. 现代化大型连栋温室

现代化大型连栋温室是 20 世纪 50 年代后发展起来的，温室骨架多采用金属材料如镀锌钢材、铝合金等，覆盖材料有普通玻璃、钢化玻璃、丙烯酸树脂玻璃纤维板（FRA）等。80 年代后，我国先后从荷兰、美国、保加利亚、罗马尼亚、韩国、日本、以色列等国引进一批现代化大型连栋温室。在引进的基础上，我国研制、开发了自行设计的大型连栋温室。

现代化大型连栋温室自动化程度高，可采用燃煤、燃气、燃油等进行加温，采用强制通风水帘降温等调控温度设施。一些环境指标可用计算机自动控制，具有工厂化生产的雏形。目前，我国已有现代化大型连栋温室约 30 000 亩。在现代化大型连栋温室中栽培黄瓜，主要以水果型黄瓜品种为主。

4. 日光温室辅助设备及生产资料

（1）棚膜的选择与使用

①聚乙烯普通膜（PE）：光温性能差，扣棚初期透光率只有 60%～70%，无流滴性。使用寿命只有 120～150 天，只能覆盖一茬，成本高，经济效益差，已被列入淘汰产品。

②聚乙烯防老化膜：光温性和流滴性同聚乙烯普通膜，但在大棚上可连续使用两茬，每亩折旧成本低于 500 元，可在大棚和日光温室上使用，以替代普通聚乙烯膜。

③聚乙烯流滴防老化膜：使用寿命可长达 210～230 天，至少可使用两茬。有流滴性，扣膜初期透光率达 70%～80%，流滴性持效期为 90～120 天。在大棚和日光温室上使用较多。

④乙烯-醋酸乙烯膜（EVA）：温、光性能好，耐老化和防雾性较好，流滴性优于聚乙烯流滴膜。适于在高效节能型日光温室喜温性蔬菜生产上使用。

应根据不同栽培季节及不同地区来选择棚膜，春茬、秋茬可选用一般棚膜，如聚乙烯防老化膜、聚乙烯流滴防老化膜。冬春茬要求温度高，可考虑乙烯-醋酸乙烯膜。江淮地区使用的棚膜厚度一般在 0.06~0.08 毫米，北方地区使用的棚膜厚度一般在 0.10~0.12 毫米。日光温室用的膜比大棚用膜厚一些，在 0.08~0.12 毫米之间。

棚膜应根据其使用寿命时间定期更换，使用中要注意防止膜被扎伤、刮伤。一旦出现裂口，要及时修补。上膜后，要系紧压膜线，防止大风刮破、刮翻棚膜。

（2）地膜　用于地膜覆盖的塑料薄膜厚度一般为 0.01~0.02 毫米，地膜在大棚和日光温室设施栽培中，起着重要的作用。地膜覆盖能使 10~20 厘米深土层日平均地温增加 3~6℃，尤其在作物生育前期，增温效果更为明显。在地膜封闭下，减少了水分的蒸发，具有保水的作用，同时也减少了棚室内空气的湿度，这对于在寒冷季节作物生长非常重要。地膜覆盖下的土壤能始终保持疏松状态，不板结，土壤微生物活动加强，促进有机肥的分解，有利于作物根系发育，提高吸收功能。由于地膜和地膜下表面附着水滴的反射作用，可使近地面反射光和散射光增强50%~70%，增加了光照，有利于植株生长和进行光合作用。覆盖地膜能防止一些土传病害和借风雨传播的病害，以及部分虫害。覆盖银色地膜有避蚜作用，对防治蚜虫和由蚜虫引起的病毒病有明显效果，覆盖黑色地膜可把杂草闷死。塑料大棚和日光温室进行喜温性蔬菜生产，采用地膜覆盖，有利于提高产量和质量。

（3）辅助加温设备　高效节能型日光温室是靠白天充分的阳光采暖加温，夜间采用多层覆盖保温、蓄能达到冬季生产所需温度要求。当冬季遇到连阴天或寒流时，所需温度有时不能保证，因而日光温室，最好也备有辅助加温设施。辅助加温设施种类很多，常见的有烟道加温、热风炉加温和暖气管道加温等。

烟道加温属于明火加温，是为了保证作物所需最低温度要求的临时加温设备。设备制作简单，费用低，只需在温室后墙前挖 1 米长、0.5 米宽、0.6 米深的坑，用红砖砌筑火炉，在地面靠后墙设置烟道，把烟筒伸到后屋面外，燃煤加温。加温时主要由烟道放出热量，生火后增温快，但温度管理较为困难。

热风炉加温是用厚铁板做成带夹层的火炉，火炉设在温室后墙外的火炉间内，火炉夹层和室内薄铁风筒连接，铁风筒再接上薄膜风筒，风筒壁上设有出风孔。火炉燃烧后夹层内空气被加热，用鼓风机将热空气通过薄铁风筒、薄膜风筒吹入室内。

水暖加温是用热水锅炉将水加热，通过管道由水泵带动热水在温室内循环加温。水暖加温是较为理想的加温方式，优点是温度稳定、分布均匀、温度易于管理，但投入较高。一般在较高档的设施中配备。

电热线是在苗床土层下埋设的特制电热导线，用于提高地温，满足育苗温度要求。常用的电热线多采用 220 伏，电流 4 安培，功率 800 瓦的电热导线，长度 100 米。此外还应配备继电器、配电盘及开关闸盒。日光温室冬季育苗地热加温，每平方米 70 ~ 90 瓦，布线间距 10 厘米左右；春季育苗每平方米 50 ~ 70 瓦，布线间距 13 厘米左右。布线深度以电热线埋入土层 2 厘米深为宜，电热线两头引线应留在苗床同一端，以便连接电源。由于电热线电阻是额定的，使用时只能并联，不能串联，也不可接长或剪短，以免改变电阻及电流量，使温度不能升高或烧断电热线。布线后检查线路，确认通电正常，即可埋线。埋线后整平畦土，踏实，接通电源，即可使用。使用时，在布线上方铺上塑料薄膜，将播好种的苗钵按行整齐码在膜上。按苗期温度要求，掌握通电时间。

（4）日光温室保温被及卷帘机 日光温室是利用太阳光在温室内蓄能，用于在寒冷季节进行蔬菜生产。日光温室在日落后如何能保温是设施栽培的关键。保温性能既取决于温室结构，也取决于建筑材料和覆盖材料，日光温室覆盖材料多做成保温被形式。保温被性能要求传热系数小，保温性好、防水性好、使保温性能持久稳定，重量适中、易于卷放、坚固防风性好、使用寿命长、价格适中，使生产者易于接受。

传统使用的覆盖保温材料有草苫、蒲席、纸被、棉被等。以稻草苫使用最多，一般草苫宽1.5~1.7米，长为采光屋面长度再加1.5~2米，厚5厘米。大径绳在6道以上。稻草苫、蒲席等保温材料经济实用，但重量大，尤其是雨雪过后，草苫被淋湿，重量更大，收放苫较为困难。而且保温效果大为降低。改进后的草苫在两面加上塑料编织布，具有防水作用，情况有所改善。新型保温被多选用传热系数小，保温性能好，防水，轻质，坚实耐用的保温材料做成，常见的有针刺毡保温被、保温棉毡保温被、泡沫塑料保温被等。近来，发展趋势是将多种新型保温材料做成复合型保温被，保温性能更好，使用更为方便。

日光温室棚面收放苫工作前后长达5个月之久，使用草苫覆盖，每栋80米长日光温室要铺两层长9米，宽1.5米的草苫110个，每天收放草苫时间需1.5~2个小时。操作起来费时费力。采用新型保温被后，电动卷帘机有了发展空间。电动卷帘机型式较多，一般由电机和减速机组成，悬挂在日光温室山墙一侧的固定杆上。动力输出端通过万向节、传动轴与卷帘轴相连，电机启动后，动力传动轴带动卷帘轴转动，将保温被卷起。放苫时只需电机反转即可。电动卷帘机同时配有手动装置，以备断电时可采用手动操作。较先进的电动卷帘机是齿条传动卷帘机，采用涡轮电机减速箱，卷帘轴在齿条上平稳转动，将保温被整齐地卷在轴上，完成卷帘过程。卷帘机的应用不但节省了劳动时间，减轻了劳动强度，而且缩短了收放苫的时间，每天至少延长1.5小时的光照时间，有利于保护地设施生产。

（5）遮阳网　遮阳网是以聚烯烃树脂为原料，经加工而成的一种重量轻、强度高、耐老化的网状新型农用塑料覆盖材料。遮阳网的使用可以改良作物在不良气候条件下的生长环境，起到遮光降温，防雨、防雹，忌避病虫害的作用。颜色有黑、白、银灰色、绿色、蓝色、黄色和黑、银灰相间色等，幅宽有90、

140、150、160、200、和220厘米等不同规格。遮光率在30%~70%间不等，其中以黑色遮阳网遮光率最高，约在67%左右，多用于夏、秋季节育苗及种植栽培上。银灰色遮阳网有避蚜的作用。

（6）**防虫网** 在春、夏、秋三季进行蔬菜生产，防虫网对防虫防病，起着重要的作用。在塑料大棚和日光温室上，防虫网主要用在放风口及门窗开口处，用于阻隔昆虫的侵入，防止病害传播。防虫网由尼龙丝编制而成，目数有30、40、50、60孔目的不等，幅宽有1米、1.5米和2米等多种规格。防虫网在培育无虫苗上，至关重要。春、秋季育苗和定植后，凡是昆虫能进入棚室处，均需张挂防虫网。

（7）**滴灌软管** 日光温室生产的重点是冬季和早春，此时外界温度低，放风量较少，空气湿度大，容易发生气传病害，必须控制适宜的空气湿度，才能获得稳产高产。一次大水量灌溉，势必引起空气湿度的增加，有效的方法是采用膜下软管滴灌技术。该技术是通过采用出水孔口非常小的滴水带，把水一滴一滴均匀而缓慢地滴在作物根部的土壤中。软管滴灌要求工作压力比较低，能准确地控制水量，灌水流量较小，每次灌水时间较长，使土壤水分变化幅度小。水均匀地滴在膜下土壤中，既能满足植株对水分的需求，又不大幅度地降低土壤温度和增加空气的湿度。软管滴灌还可以用来滴施溶于水的化肥和农药。膜下软管滴灌设备主要包括带有一定压力的水源、网式过滤器、干支线输水管网和软管滴灌带等部件。软管滴灌带为直径40~50毫米，厚度1毫米的黑色塑料薄膜软管，在滴灌带上按作物株距要求，每隔25~30厘米有激光打出的出水小孔，双侧间错打孔，小孔直径0.7~0.8毫米。在保护地生产中，滴灌带铺设在畦面上，再在畦面上覆盖薄膜，具有节水、控制空气湿度防病的作用。

（8）**二氧化碳施肥装置** 二氧化碳是无色无味无毒的气体，空气中含量为0.03%。植物干物质90%来自光合作用，光合作用每合成 1 克有机物，约需 1.6 克二氧化碳。在封闭的塑料大棚和日光温室中，植物不断地吸收空气中的二氧化碳，而空气中的二氧化碳又不能及时的补充，造成棚室中二氧化碳浓度过低。即使能达到大气中二氧化碳浓度，也不能满足蔬菜生长需要的浓度，适合植物光合作用需要的二氧化碳浓度约为 0.1% 左右。为保证蔬菜生长的需要，必须由人工补充二氧化碳。人工补充二氧化碳方法常用的有化学法、燃烧法和二氧化碳气瓶法等。

①化学反应法：用硫酸和碳酸氢铵反应产生二氧化碳。要使棚室中二氧化碳浓度达到 0.1% 的浓度，每平方米面积需 96% 的浓硫酸 1.59 克，碳酸氢铵 2.47 克完全反应。生产中可根据棚室中施放面积，按上述反应量计算硫酸和碳酸氢铵的用量。使用时，先将浓硫酸进行稀释。在塑料桶中装有 3 倍于浓硫酸重量的水，将浓硫酸沿桶壁缓缓倒入水中，边倒边搅动。操作一定要小心，防止浓硫酸溅到身上造成伤害。将称量好的碳酸氢铵装在塑料袋中，并在袋上扎几个小孔，然后把袋放入稀释后的硫酸中，使硫酸溶液没过塑料袋，反应时有气泡产生，到没有气泡时反应结束。塑料桶吊在棚室的骨架上，每亩棚室至少吊挂 10 个桶。现市场上已有二氧化碳发生器出售，使浓硫酸和碳酸氢铵可直接反应生成二氧化碳气，操作方便，成本低廉，可考虑采用。

②燃烧法：用燃烧产生二氧化碳气，补充棚室内二氧化碳浓度。目前，国内已研制成功用普通炉具燃烧煤炭，经净化处理产生不含有害气体的二氧化碳发生器。该装置可在市场上买到。这一装置，可和温室加温结合起来，既可加温，又补充了二氧化碳，一举两得，方便实惠。

③二氧化碳气瓶法：气瓶厂将二氧化碳在高压的条件下形成液态二氧化碳，装在高压气瓶中。使用时将减压阀与有孔的塑料软管连接，软管分布到作物生长行间即可。气瓶法使用安全方便，适用于大型集约化蔬菜生产。

（9）反光幕 日光温室越冬栽培和早春栽培时，光照时间短，光照强度弱，尤其是温室的北侧，光照更弱。反光幕增光技术，对这一问题的缓解起到一定的作用。反光幕是一种镀铝的聚酯塑料薄膜，在聚酯塑料膜的一面镀上铝膜，再复合上一层聚乙烯，形成反光镜面效果。聚酯镀铝膜幅宽 1 米，可将两幅用透明胶带对接起来，拼成 2 米宽的反光幕，垂直张挂在温室后墙上。反光膜也可以铺在种植行间，使光垂直向上反射，增加作物受光量。

（二）水果型黄瓜保护地栽培的环境条件

水果型黄瓜作为一种高档生食蔬菜，对其商品品质、营养品质及卫生安全品质均有严格的标准要求。要想种出高标准、高质量的水果型黄瓜，首先要满足保护地栽培的环境条件。

农业部《NY5010—2001 无公害食品产地环境条件》对环境的空气质量、灌溉水质量和土壤质量给出了限量标准。

1. 环境空气质量要求

水果型黄瓜生产主要在设施环境中进行，但大气中的悬浮颗粒物、二氧化硫、二氧化氮、氟化物含量仍对产品的质量安全有一定的影响，环境空气质量应符合表 2 规定。

表 2　环境空气质量要求

项目	浓度限值	
	日平均	1h 平均
总悬浮颗粒物（标准状态，毫克/立方米，≤）	0.30	—
二氧化硫 SO_2（标准状态，毫克/立方米，≤）	0.15	0.50
二氧化氮 NO_2（标准状态，毫克/立方米，≤）	0.12	0.24
	7 微克/立方米	20 微克/立方米
氟化物 F（标准状态）	1.8 微克（平方分米·天）	

要达到上述环境空气质量要求，应注意以下的问题：

第一，产地及产地周围没有大气污染源，大气质量符合标准且相对稳定。

第二，产地周围特别是产地盛行风上方两公里内无火力发电厂、冶金厂、炼铝厂、化工厂、水泥厂等易造成污染的厂矿。

第三，产地远离主干线公路至少 100 米以上。

2. 灌溉水质量要求

灌溉水质量要求应符合表 3 规定。

表 3　灌溉水质量要求　　（毫克/公斤）

项目	浓度限值
pH 值	5.5~8.5
化学需氧量（毫克/升，≤）	150
总汞（毫克/升，≤）	0.001
总镉（毫克/升，≤）	0.005
总砷（毫克/升，≤）	0.05
总铅（毫克/升，≤）	0.10
六价铬（毫克/升，≤）	0.10
氟化物（毫克/升，≤）	2.0
氰化物（毫克/升，≤）	0.50
石油类（毫克/升，≤）	1.0
类大肠杆菌（个/升，≤）	1 000

要达到上述灌溉水质量要求，应注意以下的问题：

第一，地表水水源及上游支流没有易对水体造成污染的电镀厂、印染厂、制药厂、制革厂、造纸厂、化肥厂、化工厂等厂矿。

第二，不使用未经处理的工业废水、生活污水及粪便污水灌溉。

第三，高氟（水质含氟量超标）地区不适宜种植蔬菜。

3. 土壤环境质量要求

水果型黄瓜产地土壤环境质量要求应符合表 4 的规定。

表 4 土壤环境质量要求

项目	含量限值		
	pH < 6.5	pH 6.5 ~ 7.5	pH > 7.5
镉（毫克/公斤，≤）	0.30	0.30	0.60
汞（毫克/公斤，≤）	0.30	0.50	1.0
砷（毫克/公斤，≤）	40	30	0.5
铅（毫克/公斤，≤）	250	300	350
铬（毫克/公斤，≤）	150	200	250
铜（毫克/公斤，≤）	50	100	100

要达到上述灌溉水质量要求，应注意以下的问题：

（1）避开土壤中有害元素、放射性元素超标的地块，远离金属开采、冶炼及化工、制药、制革、造纸、印染、涂料、化肥、农药等易造成污染的厂矿。

（2）禁用城市垃圾作为肥料。

（3）动植物废弃物沤肥必须经过高温堆制、充分腐熟，达到无菌化后方可使用。

三、水果型黄瓜优良品种介绍

水果型黄瓜是一种主要用于生食的高档果蔬，要求有较高的商品品质和营养品质，对其外观、色泽、口感、风味均有一定的要求。品质的优劣在市场上的价格相差十分悬殊。在生产水果型黄瓜时，必须选择优质抗病的品种。目前生产上使用的水果型黄瓜种子，多为进口品种，其表现为品质优良，抗病，高产，属杂交一代种，生产中不能自己留种，且种子价格较贵。为了适应市场需求，国内也育成一些水果型黄瓜品种。目前市场上水果型黄瓜的品种较多，但经过多次品种比较试验，综合性状较好的有以下一些品种。

（一）国外引进的水果型黄瓜优良品种

1. 申绿

申绿水果型黄瓜是现代化大型连栋温室栽培专用黄瓜品种，属全雌类型（雌花率100%），具有单性结实性能，对温光反应不敏感，可以不受高低温及不良天气等环境的影响，增产潜力很大。该品种商品性极好，有长、中、短3种类型，果色深绿、无果肩、无瘤、无刺，果实含水量适中，肉质脆嫩，清香适口，货架期寿命长，单果重100~250克。

该品种耐弱光和低温，较抗霜霉病、白粉病，适宜于春秋两季长周期吊架栽培，在每亩种植2 000株的密度下，年产可达16 000公斤，商品瓜率85%以上。

2. 戴多星

由荷兰引进的一代杂交种，，强雌性，以主蔓结瓜为主，瓜码密，产果期较长，结瓜多。果皮墨绿色，微有棱。瓜长 14 ~ 16 厘米，横径 2.5 厘米。无刺无瘤，果皮翠绿色，有光泽、皮薄、口感脆嫩，品质好。耐低温弱光等不良条件能力强，抗病性较强，抗黄瓜花叶病病毒、叶脉黄纹病毒病和白粉病，丰产性好。该品种适应夏、秋季节和早春种植。可用于大棚和温室里生产。

3. 拉迪特

适于早春和秋季种植，植株中等大小，结果较多，每节 2 ~ 3 个果实。果实有光泽，墨绿色，长度 16 ~ 18 厘米，能抵抗黄瓜花叶病毒病和叶脉黄纹病毒病。

4. 塔桑

该品种开展度大，长势旺，耐寒性好，果实脆嫩可口，微有棱，墨绿色，瓜皮光滑。

5. 小哥玛

从荷兰引进，强雌性，瓜码密，结果多，果皮翠绿色，果长 14 ~ 18 厘米，横径 2.5 厘米，果皮薄，口感脆嫩爽口，耐低温弱光，适合温室栽培。

6. 萨瑞格

从以色列引进，无限生长型，早熟品种，植株生长旺盛，果长约 16 厘米，圆柱形，果皮暗绿色，光滑无刺，耐贮藏，口味极佳。

7. 翠绿

从美国引进，中早熟品种，果实为短粗圆筒形，长约 14 厘米，横径约 3 厘米。果皮中绿色，无刺。植株为雌性系，无限生长型，对黄瓜花叶病毒有良好的抵抗性。品质好，口味极佳。喜温，适合高温地区栽培。

8. M. K160

荷兰引进的一代杂交种，强雌性，节间短、瓜码密，结瓜多，果皮翠绿色，果皮光滑，口感脆嫩爽口。瓜长 14 ~ 18 厘米，横径 2 ~ 2.5 厘米，心室小于横径的 1/3。耐低温弱光，抗白粉病，抗黑星病能力强，适合春、秋季节种植。

（二）国内培育的水果型黄瓜优良品种

1. 春光 2 号

中国农业大学选育的一代杂交种，全雌性。耐寒性强，不耐高温。适于低温生长，耐弱光照，用于冬春保护地栽培。棒状，整齐度高，大果型，瓜长 20 ~ 22 厘米，横径 2 ~ 3 厘米，果皮亮绿色，光滑富有光泽、种子腔小于横径的 1/3。皮薄口感脆绿，甜香，维生素 C 及还原糖含量较高。是目前口感较好的品种。

2. 戴安娜

北京北农西甜瓜育种中心推出的一代杂交种，长势旺盛，瓜码密，结瓜数量多。果实墨绿色，微有棱，无刺无瘤，长 14 ~ 16 厘米，粗 2.5 厘米。果实口感好，搞病性强，适宜在晚秋、越冬和早春保护地种植。

3. 农乐 1 号

国内培育品种，属有刺瘤类型。外形短小，颜色深绿，果面长满刺瘤。果长 10 ~ 13 厘米，直径 3 厘米左右。生食脆甜，味道浓。栽培上最大特点为生长势旺，成熟早，分枝能力强，一节多瓜。较耐霜霉病、白粉病、枯萎病。适合春秋保护地及露地栽培，要求肥水条件中等以上，如管理得当可每天连续采收直至拉秧。华北地区大棚栽培，3 月中旬育苗，苗龄 18 天左右即达二叶一心，4 月初定植，6 月中旬拉秧。秋季栽培，7 月上中旬播种，10 月底拉秧。从播种到商品瓜成熟只需 40 天，采收期可长达 50 ~ 60 天。

4. 京乐 1 号

北京农乐蔬菜研究中心培育出的优质、高产、抗病杂交一代水果型黄瓜。植株生长势强，全雌性，主侧枝结果，一节多瓜，果实短小，表面密生小刺瘤，果长 10～12 厘米，单瓜重 60～80克，肉质脆嫩，商品性优良，早熟，抗细菌性角斑病、黑星病、中抗霜霉病、白粉病和枯萎病。耐低温、弱光，高产。亩产量 1万公斤左右。适合早春保护地及露地栽培，也可以进行秋冬保护地种植。果实除鲜食外还可用于加工。北京地区春大棚栽培 2 月下旬播种，3 月中下旬定植。每亩 2 000～2 200 株。

5. 京乐 2 号

北京农乐蔬菜研究中心经过多年的国际合作研究，培育出的优质、高产、抗病一代杂交种。目前已成为出口俄罗斯的主要品种。从出苗到采收 50～55 天，植株生长势强，全雌性。主侧枝结果，一节多瓜，果实表面深绿色、带棱、光滑无刺，有光泽，果长 13～15 厘米，直径 2.5 厘米，单瓜重 60～70 克，肉质脆嫩，较耐贮藏，商品性优良。抗白粉病和枯萎病，耐霜霉病。高产，亩产量 1 万公斤左右，适合周年保护地栽培。果实主要用于鲜食。北京地区春保护地栽培 2 月中、下旬播种，3 月中旬定植。秋保护地栽培 8 月中、下旬播种，9 月上、中旬定植，10 月份开始采收，采收期可延至翌年 1 月中旬，主要供应国庆节、元旦和春节市场。

6. 京乐 5 号

适于秋冬茬温室栽培一代杂种。耐低温、寡照。植株生长势强，叶片较大，全雌性，以主蔓结果为主，节节有瓜，一节多瓜。果实表面翠绿色、带棱、光滑无刺，有光泽，果长 16 厘米左右，横径 2.5～3 厘米，心腔直径不足 1 厘米，单瓜重 80～100克，肉质脆嫩，清香、微甜，品质上乘，适于鲜食，较早熟。耐低温、弱光能力强，较耐白粉病、枯萎病和霜霉病，抗细菌性角斑病、黑星病等病害。单株产量 3～5 公斤，亩产量 10 000～15 000公斤。

7. 水果型黄瓜 2013

青岛市农科所蔬菜研究中心利用引进的以色列材料育成的华

南型水果黄瓜一代杂种。植株生长势强，分枝多，侧枝结果为主。瓜短圆筒形，果长 14～16 厘米，横径 3.1～3.3 厘米，瓜把长约 2.2 厘米，小于瓜长的 1/8，果形指数 5.3，肉厚占横径的比例超过 60%，单瓜重 110 克左右。瓜皮浅绿色，瓜条顺直，整齐度好，表面光滑无棱，刺瘤褐色，小而稀少。第一雌花节位，春棚栽培为第三节，秋棚栽培为 5.5 节。20 节内雌花节率在 70% 以上，20 节内分枝率在 70% 以上。春棚栽培从播种到采收需要 65 天，全生育期 140 天；秋延迟栽培从播种到采收 40 天，全生育期 105 天。

8. 甜脆绿 6 号

北京生光地公司培育的一代杂交种，以主蔓结瓜为主，强雌性，瓜码密。瓜长 18 厘米，横径 3 厘米。无棱无刺，外皮绿色有光泽。种子腔小，皮薄肉质甜脆，抗病性较强。

四、水果型黄瓜特征与特性

（一）植物学特征

1. 根

黄瓜是浅根性作物，主根上可分杈形成第一次侧根，侧根上再分杈形成第二次侧根。主根纵向伸长可达 1 米多，侧根横向伸展可达 2 米。水果型黄瓜生产中采用育苗移栽，主根往往被截断，侧根系会更加横向发展，多集中于 30 厘米以内的土层。因此，栽培上应选择土壤肥沃，疏松透气，排灌便利的沙壤土，才能适应水果型黄瓜根系好气喜湿的要求。

黄瓜根系木栓化早，再生力差，故除幼根外，断根后不易发新根。这种根系对土、肥、水等条件选择较严。黄瓜根系吸收水分和养料主要依靠幼根先端根毛区，根毛区吸收能力较弱，但需氧量又比较高。根据黄瓜根系这一特点，水果型黄瓜生产中应采用营养钵、营养土方进行护根育苗，以减少根系损伤，促进缓苗。同时，育苗多采用分苗育苗。在达到早熟、丰产对适龄壮苗指标要求的前提下，尽量带坨早栽。

当外界环境适宜时，瓜根茎部及子叶下茎基部易生不定根，其可扩大吸收面积，促进植株生长。但嫁接育苗往往因接穗下端接触地面而产生不定根。水果型黄瓜嫁接育苗时，应注意将接穗下端切净，以防茎部发生不定根，消除了嫁接作用。

2. 茎

黄瓜茎蔓生，无限生长。长蔓品种在良好的生长环境中，主蔓可长达 5 米以上。黄瓜茎蔓上每节有一片叶片并生有卷须、分枝。水果型黄瓜多为顶端优势强的品种，分枝少，多在主蔓上结瓜。一般普通的黄瓜品种，每节长度在 16～20 厘米，而水果型黄瓜每节长度多为 9～12 厘米。黄瓜蔓粗为 0.6～1.2 厘米。生长环境、栽培水平及品种资源不同，对其有一定影响。因此，蔓的粗细、节间长短等常作为判别幼苗、瓜秧健壮与否的重要指标。一般子叶以下节长小于 3 厘米；子叶以上至 8 片叶以下节长为 3～6 厘米；15 片叶左右节间 7～10 厘米；20～35 片叶节间长 10 厘米左右较宜。超过此范围，有可能形成徒长株或僵老株。水果型黄瓜 1～4 节茎的节间较短，能直立，无卷须，开花也较少。第四节以后的茎节变长，直立性差，而节节有卷须，需攀附它物生长。根据黄瓜茎蔓特性，水果型黄瓜在栽培中，须注意观察植株茎粗细、节间长短来判断瓜秧的生长势，防止出现高脚苗、弱秧等现象。定植后，要及早插架、引蔓，创造适宜环境，培育壮苗、壮秧。

3. 叶

黄瓜的叶分子叶和真叶两种。子叶对生，长椭圆形，长 4～5 厘米，宽 2～3 厘米，其面积虽小，但在黄瓜生长发育的起始阶段，有十分重要的作用。子叶生长好坏直接影响幼苗健壮与否，凡是幼苗早期子叶受到损伤的，不仅幼苗生长受阻，而且影响整个植株的生长，因为子叶对早期根系的发育有重要的作用。同时子叶寿命的长短，也是整个植株生长状况好坏的标志。幼苗子叶残缺，不舒展可能与种子发育不全，土壤水分不足有关，而子叶发黄往往是水分过多，光照不足所致。因此，幼苗子叶可作为苗期植株生长状况与环境条件变化的晴雨表。水果型黄瓜育苗时，要注意对子叶的观察，定植选苗时，对子叶残缺、破损、发育不良的秧苗，要及时剔除。健壮的水果型黄瓜幼苗子叶叶面积大，可达 3 厘米×5 厘米，叶片肥厚，叶脉纹理清晰，叶色深绿。

黄瓜真叶为单叶互生，掌状五角形，叶表面着生刺毛和气孔。叶正面刺毛密，背面稀。而气孔则是叶正面少而小，背面多而大。植株通过叶面气孔张合进行气体交换以获取光合作用所需二氧化碳并借助蒸腾作用调节体温。当湿度过大时，还可通过叶缘上的水孔吐水。这些孔道既是植株正常生长，内外交换的门户，又是外部病菌侵入的通道。由于叶背面气孔多而大，更利于病菌入侵，药剂防治时尤应侧重于叶背面喷洒。

黄瓜叶片柔嫩，对环境变化的反应极为敏感。生产上一方面应创造适宜条件促进叶片伸展，提高光合作用。真叶面积、叶片多少、叶色等是反映整个黄瓜植株生长状况的指示表。健壮植株叶片舒展，叶色深绿，叶片厚，刺毛硬。相反，心叶皱缩，叶色深而无光泽，叶缘枯黄焦边，则可能肥水控制过度，形成老化株；叶肉变薄，刺毛柔软，节间细长，叶色黄绿，则多为徒长株。叶片边缘下垂，呈降落伞状，且叶片边缘有黄色金边时，多为低温冻害所致。

4. 花

黄瓜为雌雄同株异花，花为退化型单性花。即每朵花在分化初期都有萼片、花冠、蜜腺、雄蕊和雌蕊的初生突起，但形成萼片、花冠之后，有的雌蕊退化，形成雄花；有的雄蕊退化，形成雌花；也有的雌雄蕊都有发育，形成不同程度的两性花。水果型黄瓜多为人工选育而成的强雌性系，即仅有雌花而无雄花的雌性型。水果型黄瓜雌花花柱较短，柱头三裂，子房下位，有蜜腺；花冠有裂片 5 瓣，黄色。和一般黄瓜相比，水果型黄瓜花较小。开花时间多在清晨 5 ~ 6 时，盛花时间约 1 ~ 1.5 小时。植株上花的着生和开花顺序均是由下而上进行。因此，主蔓上第一雌花节位高低直接影响着采瓜的早晚，生产上也常依此作为黄瓜品种鉴别的重要指标。特别是温室、塑料大棚早春栽培，为提早采收，多选第一雌花节位较低品种种植。

5. 果实

黄瓜果实为假果，是由子房和花托一并发育而成。水果型黄瓜长度一般不超过 18 厘米，多在 10～15 厘米之间，直径约 3 厘米左右，重约 50～100 克。一般表皮色泽光亮、嫩绿，果皮薄、心室小、果肉比重大。水果型黄瓜多为强雌性品种，瓜码密，单株结瓜多。一般黄瓜正常授粉后才能结实。若授粉、受精不良，环境条件不适，栽培管理不当，常会出现尖嘴、小头、大肚、弯曲、短形、细腰、溜肩、裂果、僵果等畸形果实。强雌性品种水果型黄瓜不经授粉即能完成果实发育，形成单性结实。所谓单性结实就是雌花不经授粉而正常坐果，产生无籽果实或空瘪种子果实的现象。单性结实与常规结实品种相比具有两个显著特点：其一连续结果能力极强，每片叶腋处可坐瓜 2～3 条，果实成熟度一致。每株结瓜 60 条以上，最多结瓜达 85 条，适宜保护地栽培，有很强的高产潜力。其二，果实因不受精而无籽，瓜瓤少，果肉厚，品质好。

水果型黄瓜雌花开放后 6～10 天，瓜长即可达到 12～18 厘米，横径 2～2.5 厘米。果实生长快慢与品种、环境条件、栽培水平等关系密切。通常谢花后生长慢，达到一定长度时又逐渐加快。但在一天内，夜间生长速度最快，白天较慢。17～18 时生长最快，以后逐渐减慢，次日凌晨 6 时基本停止。从果实整个发育期看，开花前以细胞分裂为主，开花后逐渐进入细胞膨大期。因此，前期生长量小，后期生长量大。尤其采收前 3～5 天，瓜条迅速膨大，生长量可占整个果实重量的 50% 以上。一般开花时子房长短与后期果实长短呈正相关。当子房开始长大，瓜把颜色变深，形态变粗时，正值细胞分裂向体积迅速膨大的转折点，应加强肥水供应，促进果实迅速发育。

6. 种子

水果型黄瓜种子是育种专家用具单性结实性能的雌性系与两性系杂交产生雌性单性结实杂种。种子披针形，扁平，黄白色，长 8～12 毫米，宽 3～4 毫米，厚 1～2 毫米，每百克种子约有 4 000～4 500 粒。种子发芽年限可保持 4～5 年，但生产上应选用 1 ~ 3 年种子。水果型黄瓜种子价格较贵，尤其是进口的种子，每粒价格在 0.5 ~ 1 元。水果型黄瓜种子多为杂交一代，生产中不能自行采种。

（二）生长发育周期

水果型黄瓜和一般黄瓜一样，从种子萌发到植株死亡的生长发育过程可分为发芽、幼苗、抽蔓和结瓜 4 个时期。这是黄瓜本身生长发育的客观规律。只有按照这些基本的规律，采取相应的栽培措施，才能实现水果型黄瓜栽培中的优质、高产、高效的生产目的。

1. 发芽期

从种子萌动至子叶展平为发芽期。种子吸水膨胀后 16 ~ 18 小时胚根伸出约 0.1 厘米，播种后在温度、湿度及通气条件适宜的情况下，种子胚根继续伸长，同时发生侧根。3 天后弯曲的胚轴露出地面即所谓"歪脖"，下胚轴向上伸长时，在盖土的压力下，子叶脱离种壳，露出了地面。在生产中，如果种子过于陈旧或覆土厚度不够，种壳不易同子叶脱离，形成所谓的戴帽出土，影响子叶的展开。4 天后，子叶抽出，呈 V 字形展开。5 天后，子叶水平展开，并逐渐长大，开始进行光合作用。在适宜的条件下，水果型黄瓜这一生长时期需 8 ~ 10 天，此时主根长约 8 厘米，侧根数 12 ~ 14 条，下胚轴长 4 ~ 5 厘米，粗约 3 毫米，子叶长 3 ~ 4 厘米，宽 2 厘米左右。真叶开始露心，完成种子发芽全过程。

2. 幼苗期

从子叶展平到四叶一心为幼苗期，一般需 30 ~ 35 天，幼苗期是培育适龄壮苗的关键时期。子叶展平后，主根继续伸长，侧根也迅速生长，3 ~ 4 级侧根也相继出现。下胚轴不再伸长，而继续加粗生长。1、2、3、4 片真叶先后展开。发育正常的幼苗子叶仍然是鲜绿色，长约4厘米，宽约2.5厘米，第一片真叶已经长到最大，为三角形两裂，其他真叶都是掌状五角形四裂。从第一叶后，茎蔓呈Z字形生长，俗称"倒拐"，这是判断幼苗健壮与否的重要指标，二节间与水平夹角45°时最宜，说明幼苗生长不快不慢，伸长适中，生长健壮。幼苗期已分化叶原基21~23个，第四叶腋已出现卷须，其较雌花发生早，生长也快，可与雌花争夺养分，应及时摘除。

幼苗期植株的生长主要是幼苗叶的形成、主根的伸长及苗端各器官的分化形成。此时植株生长缓慢，主茎尚能直立。营养生长和生殖生长同时进行，以营养生长为主。

幼苗期已分化孕育了根、茎、叶、花各种器官，为整个生长期打下了基础，苗期生长的好坏，影响到后期产品的产量和质量。

3. 抽蔓期

从四五片真叶开始，经历第一雌花开放，到根瓜坐住为抽蔓期。多数黄瓜品种从第四节开始出现卷须，节间开始加长，蔓的生长明显加快，雌花出现并陆续开放。当第一条瓜的瓜把由黄绿变成深绿，俗称"黑把"时，标志抽蔓期结束。此期历时较短，水果型黄瓜约需10~15天。此期结束时，茎高30~40厘米，子叶已达最大，真叶展开7~8片，茎尖已分化到26~28节，雌花原基已分化出20个左右。抽蔓期是以茎叶生长为主转向果实发育为主的过渡时期。栽培上既要促使根系增强，又要扩大叶面积，确保花芽数量和质量，并使之坐稳。生育诊断标准应为：茎粗壮，棱角清晰，刚毛发达；龙头叶比例适中，心叶舒展；叶厚色深，茸毛密，具光泽，叶片完好无损，顶叶与龙头叶比例适合，为3~4：1；子房大，花瓣色深而大。水果型黄瓜在生产中，六片叶以下不留瓜，在抽蔓期应将根瓜去掉。

4. 结瓜期

从根瓜坐住到采收拉秧为止。一般根瓜坐住后，1.5天左右展开一片叶，根系活动加强，果实生长前期较慢，后期加快。当根瓜花端微显细黄条时，第二瓜（腰瓜）正好坐住，第三瓜始花。此时根瓜为技术成熟期，应及时采收。根瓜采收后，腰瓜迅速生长，当其技术成熟采收后，第三瓜进入旺盛生长期，第四瓜正开花。如此陆续采收到顶瓜。水果型黄瓜强雌性从第 2～3 片叶即有幼瓜出现，如果让其长大并采收，将严重影响到植株的生长和中部以上幼瓜的发育，所以要及早将 1～5 节位的幼瓜疏掉，从第 6 节开始留瓜。定植后 10～15 天，株高 25 厘米开始吊蔓，以后及时缠蔓。40 厘米以下不留侧枝，以上的侧枝可以每 3～4 节留 1 个，其上留 1～2 条瓜，瓜前留 2 片叶掐尖。一般植株可以长至 10 米以上，单株结瓜 60 条以上。大棚春早熟栽培结果期多为 60～80 天；而日光温室冬春栽培可延至 100 天左右，甚至更长。侧蔓结果型品种合理稀植，多次摘心，可促使侧蔓抽长，增加结果数。结果期一方面进行营养生长，另一方面连续开花结果。栽培管理上应以瓜秧并茂，久而不衰及主侧蔓一齐结果为标准。

（三）水果型黄瓜对环境条件的要求

1. 温度

水果型黄瓜属喜温性蔬菜，既不耐寒又忌高温。植株生长的温度范围为 12～35℃，适温 18～30℃，尤以昼温 25～32℃，夜温 15～18℃最佳，即保持 10～15℃昼夜温差较宜。在此温度范围内，植株的同化作用旺盛，制造的养分超过正常呼吸的消耗，黄瓜生长发育良好，可获得较高的产量。黄瓜正常生长的最低温度为 10～12℃，在 10℃以下时光合作用、呼吸作用、光合产物的运转等生理机能都会受到影响。长时间 5～8℃就有遭受冷害的可能。白天超过 35℃以上的温度，水果型黄瓜的呼吸消耗会高于光合产量，到了 40℃以上的温度，其光合作用急剧下降，生长会停止；同时水果型黄瓜对温度的反应和调节，也会因品种不同、光照强弱、土壤湿度和空气湿度而不同。如光照不足、营养不良，尤其是二氧化碳浓度较低时，温度也应相应降低。

黄瓜不同发育期对温度要求不同，最适发芽温度为 25～30℃，最低 13℃；幼苗期适宜昼温 14～28℃，夜温 15℃。温度过高，苗生长快，细弱。反之，生长慢，苗龄长，易形成老化苗。但苗期适时适量低温锻炼，可提高黄瓜植株抗寒力。开花结果期与光合作用最适温一致，均为昼温 25～32℃，夜温 14℃。此时较高的昼温、较低的夜温有利于同化产物的积累，从而促进果实膨大。但由于黄瓜光合产物的 3/4 需夜间转运，故夜温不宜过低，以免影响次日光合速率。

黄瓜根系对地温反应敏感，因而要求更为严格。生长适温 20～23℃，最低温度为 8℃，最高温度为 32℃。地温 12℃以下，根系生理活动受阻，严重时发生"沤根"或花打顶现象。保护设施冬春栽培，外界气温较低时，以提高棚室地温最为有效，地温每提高 1℃相当于气温提高 2～3℃。

2. 水分

水果型黄瓜喜湿、怕涝，不耐旱。要求较高的空气湿度和土壤湿度，要求土壤绝对含水量在 20% 左右。黄瓜因根系浅，吸水力弱，当土壤干燥时，叶片出现萎蔫；土壤水分过多，根系缺氧，吸肥水能力受阻，叶薄色淡，节间伸长，植株徒长，化瓜严重，抗性降低。特别是结果期需水量大，应及时浇水。临界灌水形态指标为：结果初期龙头下两片真叶黄绿色，结果盛期龙头下 3 片真叶黄绿色时及时浇水。

水果型黄瓜对空气湿度要求较高，相对湿度以 80%～90% 较宜。空气湿度超过 90% 叶面易形成水膜，降低光合作用，易诱发多种病害，且迅速蔓延。寒冷季节栽培时尤应注意通风换气，保温降湿。最好白天保持 80%～85%，夜间 85%～90%。

3. 光照

水果型黄瓜为喜光蔬菜，光照充足，同化作用旺盛，产量和质量明显提高。长期光照不足则产量低，质量差。黄瓜在光的作用下，将吸收的二氧化碳和水合成为有机物质，同时放出氧气，这一过程称为光合作用。黄瓜干物质 90% ~95% 以上来源于光合产物。水果型黄瓜喜光，也耐弱光，耐弱光能力明显强于普通黄瓜品种，因此，很适合保护地冬春生产。光饱和点为 5 万勒克斯，光补偿点为 2 000 勒克斯。在光饱和点以内，随光照加强，光合作用相应提高。水果型黄瓜属于短日照作物，8 ~11 小时的日照条件能促进雌花的分化和形成。一般上午的光合量占全天总光合量的 60% ~70%。中午以前光合作用能力最高，约占全天同化量的 70% ~80%。因此，保护地冬春育苗及黄瓜生产时，蒲席应尽量早揭晚盖，保持薄膜表面清洁，以增加上午采光量，提高光合效率。

4. 土壤营养

黄瓜根系浅，根群弱，吸收能力不强。水果型黄瓜喜肥但不耐肥，因此种植时应选择富含有机质，物理性状好，保水保肥，疏松透气的土壤，在透气性良好的壤土或沙壤土中种植。其对土壤酸碱度的要求以中性偏酸为好，pH 值在 5.5 ~7.6 之内均能适应，但最适宜的 pH 值为 6.5。黄瓜生长发育中营养元素吸收量以钾最多，其次为氮、磷、钙、镁。其中钾摄入量集中于生长中后期，氮则集中于生长前期，而磷在播种后 20 ~40 天需求量增大。盛瓜期养分吸收量占整个生育期的 60% 以上，应保证供应。生产上最好基肥重施，再合理追肥。基肥以腐熟厩肥为主，肥效平稳持久，防止植株早衰，延长生育期，且可改善土壤物理性状，增强保水保肥能力，增加疏松透气性，以利根系充分发育。一般亩施基肥 5 000 公斤左右，配合施入硫酸钾 100 公斤、过磷酸钙 100 公斤。追肥前期则以氮肥为主，提苗壮棵；结果期追施氮、磷、钾复合肥，每生产 1 000 公斤果实，植株需要吸收纯氮

2.8 公斤、五氧化二磷 0.9 公斤，氧化钾 3.9 公斤，氧化钙 3.1 公斤，氧化镁 0.7 公斤。

5. 气体

由于黄瓜原产于森林地带腐殖质丰富的土壤中，加之根系较浅，有氧呼吸强盛，因而要求土壤透气性良好，土壤含氧量以 10% 左右为宜。生产上可增施马粪等有机肥，注意土壤排水，加强中耕，防止土壤过湿及板结，以保持土壤通透性良好。除氧气外，黄瓜生长环境中的二氧化碳含量也直接影响黄瓜生长发育状况。一般空气中二氧化碳含量为 0.03%，远远不能满足黄瓜光合作用所需。在常规温度、湿度及光照强度条件下，空气中二氧化碳含量为 0.005% ~ 0.10% 的范围内，光合强度随二氧化碳浓度的增加而增高。若其他条件均满足，直接提高植株生育环境中的二氧化碳含量，即可增加黄瓜植株光合作用同化量，提高产量。实践证明，将环境中二氧化碳浓度提高 1 倍，植株光合能力可提高 4 倍左右。设施栽培中每日 7 ~ 8 时连续追施二氧化碳气肥，浓度为 0.15% 左右，可促进花芽分化，提早开花，增加雌花，加快成熟，提高产量，改善品质。此外，增施有机肥料，适当追施碳酸氢铵，加强通风换气等措施均可有效增加二氧化碳含量，提高光合作用，增加干物质积累，增产增收。水果型黄瓜只有在光照充足，水分适宜，二氧化碳浓度在 0.008% ~ 0.10% 的条件下才能较好的进行光合作用，从而获得高产和优质。

五、水果型黄瓜栽培技术

（一）育苗技术

水果型黄瓜的种子价格较贵，一般每粒在 0.5～1.0 元；其生产场地采用保护地设施栽培，空间面积必须充分有效利用；加之气候环境限制，无论是春、秋季大棚栽培，还是秋冬茬、冬春茬日光温室栽培，均采用保护地提前育苗。水果型黄瓜育苗技术是创造一个适于幼苗生长的小气候环境，以便于幼苗的集中管理，充分利用保护地栽培空间，节约种子开支。

培育无虫、无病壮苗是蔬菜无公害生产重要步骤。种苗质量好坏、其生长强弱将对作物整个生长期有着重要的影响。水果型黄瓜育苗技术主要包括：场地的选择，育苗容器的准备，育苗营养土的配制，种子的处理，播种、嫁接及苗期的管理等。

1. 场地的准备

水果型黄瓜采用保护地栽培，育苗场地以日光温室最好。为进行周年生产，茬口安排可分为春季育苗、夏季育苗、秋、冬季育苗。

（1）场地选择　春、秋及冬季育苗最好选择日光温室，以保证幼苗生长对温度、湿度及光照的需要。育苗场地应有专用的苗房，不要和生产场地混在一起，以便于温、湿度的调节，防止病虫害的侵染。如果没有条件单设专用育苗房，可在温室中用塑料布将育苗场地和生产场地分开。

（2）场地设施条件　育苗场地要求平整，清理好场地后在苗钵、苗盘摆放地方，最好铺放塑料薄膜，这样可以将育苗容器和土壤分开，防止土传病害的发生。春、秋季育苗，在放风口应加防虫网，避免飞虫进入苗房带来病虫害。夏季育苗时，气温较高，日光温室棚膜已去掉，育苗场地除要有防虫网外，还要有遮阳网，用以遮阳降温。夏季多雨，育苗场地要有防雨设施。冬季育苗，即使在高效节能型日光温室中也应配有加温设施，以确保苗期生长温度要求。

（3）育苗棚室消毒　育苗场地应清除一切杂草、枯枝败叶，保持场地整洁干净。在育苗前 7 天，需对棚室进行消毒。消毒时将棚室密闭，每 100 平方米用硫磺粉 0.15 公斤，掺拌锯末和敌百虫各 0.5 公斤，均匀分放温室内数处点燃，熏蒸一夜，闷棚 24 小时后通风换气，可杀死蚜虫、红蜘蛛及一些病菌。也可用百菌清烟雾剂或百菌清 600 倍药液喷雾，效果更好。

2. 育苗容器和营养土的准备

（1）育苗容器　常见的育苗容器有塑料育苗袋、纸筒、育苗钵、育苗盘及穴盘等容器。育苗钵、育苗盘及穴盘可在农资销售部门买到，为节约开支，塑料育苗袋、纸筒可自己动手制作。塑料育苗袋可用旧的塑薄膜热合成直径 10 厘米左右的圆筒，然后裁成 10 厘米长的一个个小筒备用。为便于装灌营养土，也可采用 0.025 毫米厚，折径 12 厘米规格成型塑料薄膜筒，先剪成 1 米左右长，筒一端用绳扎紧，将营养土从另一端装入筒中，装满、装实后用刀切成 10 ~ 12 厘米长营养钵，依次整齐地码放于苗床上，直至排满全床为止。一般每公斤塑料薄膜筒可做 1 500 个营养钵。

纸筒可用旧报纸裁成长 30 厘米，宽 10 厘米的纸条，两端用浆糊对粘起来，就制成了一个直径约 10 厘米，高 10 厘米的纸筒。为便于操作，防止纸筒装营养土后破裂，可制作一个卷筒、装土一次完成的简易装置。取一个口径和高度约 10 厘米的罐头筒，在底部安上一个把。将旧报纸裁成 35 厘米长，18 厘米宽的纸条。罐头筒内装入配制好的营养土，把裁好的纸条对齐罐头筒有把的一端，沿筒裹起来，纸的另一端折叠封住纸筒，形成纸筒的底。将罐头开口朝下，依次摆入苗畦中，然后轻轻拔出罐头筒即可。摆放时要使纸筒相互挤紧，以免纸筒散开。

用育苗钵育苗，有利于保护黄瓜根系，是一种较好的护根育苗容器。市售塑料育苗钵有多种规格尺寸，黄瓜育苗一般采用 10 厘米 × 10 厘米 × 8 厘米或 8 厘米 × 8 厘米 × 6 厘米规格的塑料钵。其定植时不易散坨，护根效果好，瓜苗成活率高，可重复使用。

育苗盘育苗可便于随时移动，有利于调整幼苗的生长。厂家生产的育苗盘一般长 60 厘米，宽 25 厘米，高 5 厘米，底部有网孔，育苗盘多用于播种后再分苗，或嫁接育苗。

穴盘育苗既有利于育苗管理和定植时的操作，又有利于保护根系。市售穴盘外型尺寸为 54 厘米 × 28 厘米，孔数有 50、72、128、200、288 孔等多种。由于黄瓜叶片大，生长快，需较大的生长面积，选择穴盘育苗时，最好选择孔数少的穴盘，如 50 孔、72 孔。即使孔数少的穴盘，也不能完全满足黄瓜幼苗的营养要求，因而穴盘育苗一般苗龄相对要短，幼苗 2～3 片叶时即可定植，否则因营养面积不足，幼苗拥挤，造成徒长。在生产中，穴盘育苗多用于移苗法育苗分苗前使用。

（2）营养土的配制　营养土要求肥沃、富含有机质。有良好的物理性状，土质疏松，通气性良好，保水性强。营养土配制所需各种成分均要过筛，去除杂质。在配制过程中要根据园土、有机肥、基质等成分的性质，确定适宜的配比。如果肥力不足还需加入少量的速效氮肥和磷、钾肥。但化肥要与营养土充分掺匀，以免烧根。

配制营养土所用的园土应选择新菜田园土，避免使用多年种植蔬菜的菜园土，尤其是种过瓜类蔬菜的园土，以免因园土带菌造成苗期发生猝倒病、立枯病等。园土以沙壤土为宜，土质酸性偏高的地区，可在园土中加入适量的石灰，起到既中和酸又增加土壤钙质的作用。土质较黏重的地区，园土中可加入一定量的粗沙或草炭，提高土壤的通透性。为防止地下害虫及土传病害，可采用福尔马林对园土消毒，用量为每立方米园土用 40% 福尔马林 400 毫升兑水 50 公斤，均匀喷于土上，然后用塑料薄膜密封，闷土 10~15 天，使用前一天撤除薄膜，再搅拌一次待用。也可采用药剂拌土，每立方米园土用代森铵 50 克或 50% 多菌灵 80~100 克拌成药土消毒。

营养土中掺入的有机肥可选用经堆制充分腐熟后的动物粪便、厩肥等，腐熟后的有机肥氮素得到分解，有利于植物吸收；有害的病虫在堆制中被灭杀，可防止病虫对植物的侵害。膨化鸡粪是一种营养丰富、使用方便、无异味、经发酵、烘干加工制成的有机肥料，经无害化处理的干鸡粪含水率为 13%，含氮 2.5%~3.5%，含磷 2.5%~3.5%，含钾 1.7%~3.0%，含有机质 46%~62%。用膨化鸡粪配制营养土安全、方便，有利于幼苗生长。

营养钵、育苗盘及穴盘育苗多采用草炭、蛭石等基质替代园土配制营养土。草炭来之于泥藓炭、苔草等植物的分解残留体，是园艺作物栽培的最好基质，在现代大规模工厂化育苗中，大多数以草炭为主，配以蛭石、珍珠岩作为基质。草炭持水量高，具有良好的通气性，是理想的育苗基质。

蛭石是由云母类矿物加热至 800~1 100℃ 时烧结而成，重量较轻，每立方米约为 80 公斤。呈中性或弱碱性，保水保肥力强，使用新蛭石时不必消毒。蛭石的缺点是经长期使用后，片状结构会破裂，孔隙变小，影响通气和排水。

水果型黄瓜育苗常用的营养土配方有：

壤土 50%，草炭 30%，腐熟厩肥 20%，每立方米加三元复合肥 500 克。

壤土 20%，草炭 40%，炉渣（水洗，过筛）20%，腐熟厩肥 20%，每立方米加三元复合肥 500 克，混匀。

蛭石 30%，草炭 70%，每立方米基质加三元复合肥 1 公斤，加膨化鸡粪 5 公斤，混匀。

以上每立方米营养土加多菌灵 100 克。

3. 种子的处理

水果型黄瓜种子价格较贵，一般讲质量也较高，对种子播种前进行处理，有利于提高发芽率，防止苗期病虫害的发生。播种前种子处理一般包括种子消毒、浸种、催芽等过程。

(1) 种子消毒 播种前将种子在阳光下暴晒几小时后精选，有利于提高种子的发芽率。沸水变温处理可杀死种子表面一些病原菌，是黄瓜播种前种子处理常用的方法。将开水倒入盛种子的容器内，随即兑入 1/3 凉水，二开一凉，此时水温在 50~55℃，热水量是种子的 5 倍左右。按一定方向不断搅拌 10~20 分钟，使之受热均匀，搁置浸种。在浸种过程中，还可以结合药剂消毒处理，种子药剂消毒对防治苗期一些病害有效。1% 高锰酸钾溶液浸种 15 分钟，可减轻病毒为害；100 倍液福尔马林浸种 20 分钟可杀死种子附着的黄瓜枯萎病菌；50% 多菌灵 500 倍液浸种 30 分钟可预防霜霉病发生；50% 代森铵 500 倍液浸种 60 分钟可防止炭疽病。各种药剂处理后，须清水冲洗干净后再催芽，以免发生药害。

(2) 浸种、催芽 黄瓜种子用 55℃ 温水浸泡，并不断搅拌，待水温在 10 分钟左右降至 30℃ 左右后，保温浸种 4 500 倍液 6 小时，然后在 10% 浓度的磷酸三钠溶液中浸种 20~30 分钟，可防治病毒病。将浸泡过的种子捞出冲洗干净，晾干表皮水分后，用清洁湿布包好，置 28~30℃ 下催芽，经 1 天左右露白后即可播种。保持 28~30℃ 下恒温催芽，有条件可用恒温箱，此法方便、安全、可靠，出芽整齐。家庭种植水果型黄瓜，种子用量不超过 250 克时，可用体温催芽。方法是将浸种等处理后的种子用湿纱布包好，装入塑料袋内，然后放入内衣口袋中。此种方法适于个体农户采用。如是冬、春季节，种子萌动或出芽后在 0~1℃ 环境条件下处理 24~48 小时后再播种，有利于出苗整齐和提高植株的抗寒能力。

黑籽南瓜投放到 70～80℃ 的温水中，在两个容器中来回倾倒，水温降至 30℃ 时，停止倾倒。用清水洗掉种皮上黏液，在水中浸泡 10～12 个小时，置 25～28℃ 催芽，1～2 天即可出芽。

4. 播种

水果型黄瓜经浸种、催芽后，种子发芽率在 90% 以上时即可播种。播种方式可分移苗和不移苗两种，不移苗播种即在育苗钵中装满育苗基质，码放在铺好薄膜的育苗场地上，12 个营养钵东西向为一横排，南北向为竖排，组成一列方阵，方阵之间留有 60 厘米宽操作通道。苗钵内浇透水，待水渗下后，把发芽的种子一粒一粒摆在营养钵内营养土的正中，种子平放芽朝下。播种后覆土 1～1.5 厘米。上面盖上塑料薄膜，昼夜保持 25～30℃，经过 24～36 小时，待幼芽顶土时把薄膜撤掉。冬季育苗，为加快出苗可以把营养钵放在地热线上。这种育苗方法可一次成苗，省去移苗的程序，但易产生大小苗和高脚苗。

移苗法是采用二次分苗，即在育苗盘内装满育苗基质，码放在铺好薄膜的育苗场地上，盘内浇透水，把已催好芽的种子均匀地平放在育苗盘内，种子间隔约 1 厘米，上面覆盖塑料薄膜，待幼芽顶土时把薄膜撤掉。黄瓜根系再生能力弱，大苗移栽易损伤根。当子叶展平时应立即移苗，把小苗移到营养钵中，具体方法同营养钵育苗。移苗时除浇透水外，还要保持较高的温度，以促进新根生长，缩短缓苗时间。移苗法可使苗壮、苗齐。水果型黄瓜育苗多采用二次分苗。

5. 苗期管理

苗期管理是培育壮苗的关键时期，幼苗是否健壮，对黄瓜整个生长期有着重要的影响。

（1）温度管理　水果型黄瓜属短日照低温敏感性作物，即在低温短日照条件下有利于雌花的形成。日光温室早春茬和春季塑料大棚水果型黄瓜生产，育苗时间正值寒冷季节，要做好育苗场地的加温、保温工作；日光温室秋冬茬和秋季塑料大棚水果型黄瓜生产，育苗时间正值温度较高季节，最低气温平均在 16 ～ 20℃，应尽量降温。可采用遮阳网降温，有条件的还可采用微雾降温，效果较好。

幼苗顶土时需较高的室温，以 28 ～ 32℃ 为宜。二子叶出土，夜温要尽可能降低到 13℃ 左右，防止苗子徒长。苗出齐后适当降温，以白天 25 ～ 30℃，夜间 12 ～ 15℃ 为宜。定植前 7 天降温炼苗，白天 20 ～ 30℃，夜间 10 ～ 12℃。

（2）光照管理　整个苗期要求较强的光照条件，在低温、短日照、弱光时期育苗光照不足是培育壮苗的限制因素。生产上可以明显地看到在光照充足的条件下，幼苗生长健壮，茎粗节短，叶片厚、叶色深；而在弱光下生长的幼苗，常常是瘦弱徒长的幼苗。

为增加光照，要经常保持棚膜的清洁，在满足温度要求的条件下，最好是在早晨 8 点左右揭开草苫，下午 16 点左右放苫。阴天也要正常揭盖草苫。采用人工补光，可以收到良好效果，但一般生产中难以应用。采用银色反光幕膜补光，是一种简便可行的有效的措施。在与苗床的北侧墙上张挂银色反光膜，利用其对光的反射，将射入温室的太阳光反射到苗床上，增加苗床的光照强度，以利幼苗的生长。

夏、秋季育苗应减少光照强度及光照时数，每天 12 小时左右即可，以利雌花发育。水果型黄瓜需要 4 万 ～5 万勒克斯的光照强度，而夏季温室中光照强度为 6 万 ～8 万勒克斯，因此，需要使用遮阳网遮阳，另外，遮阳网不仅降低了光照强度，而且可以降温。目前遮阳网使用过程中的主要问题是，固定式遮阳网易使幼苗叶色发黄，植株徒长，应改为活动式，晴天上午 10 时左右使用，下午 15 时左右卷起。

（3）通风管理　水果型黄瓜育苗过程中，通风不仅可以调节苗床内的温度、湿度，同时还可以排出有毒废气，补充二氧化碳气体。通风量的大小及时间长短主要根据苗床内的温度及外界气温来决定。晴天时打开顶缝放风，然后再打开中缝放风，早晨缝小，中午缝大。外界气温较低时，可在中午阳光充足时放风。放风的方法采用瞬间放风法，即从温室一头顺序扒开顶缝，到温室另一头后，再顺序合拢风口。也可隔一段扒一段缝通风。

（4）水肥管理　低温季节育苗时，水分蒸发量小，苗期浇水原则是尽量少浇，防止幼苗徒长。基质育苗出苗后 1～2 天浇1 水，水量不宜过大。浇水或喷水在近中午天暖时完成，然后中午大放风排湿。温度较高季节育苗时，升温快水分蒸发量大，要适时喷水防止苗钵内育苗土发干。同时喷水还可以降温，有利于幼苗生长。一片真叶展开后可随浇水喷施 0.2% 的磷酸二氢钾，每 5 天左右喷 1 次。

（5）倒苗　随着幼苗的生长，开始苗钵摆放的间距已不能满足幼苗生长需要的空间，为防止幼苗之间发生拥挤，应把苗钵重新码放，这时苗钵之间的距离要适当加大。苗钵之间的距离加大后，可增加幼苗的光照，有利于通风。在幼苗重新码放时，大小苗要互换位置，以利于苗齐苗壮。

（6）秧苗锻炼　早春温室及春大棚水果型黄瓜栽培，为使幼苗定植后适应环境，提高幼苗对低温的抗性能力，要在定植前 5～7 天进行秧苗锻炼。温室可停止加温，适当加大放风量，白天温度保持在 20～25℃，夜间在 10℃ 左右。这时间基本不浇水，如局部干旱，在叶片萎蔫处稍喷些水。

（7）防治病虫害　苗房必须保持干净、整洁，摆放苗钵的苗床要预先铺好塑料薄膜。夏、秋季育苗，在通风口要有防虫网。苗期要进行 1～2 次病虫防治工作，为防治蚜虫、白粉虱可用黄板诱杀，日光温室每 3 间挂 1 块黄板，或在育苗场所周围挂银灰色塑料薄膜条以避蚜。药剂防治可用高效氯氰菊酯 2 000 倍液喷雾，或每亩用 200 克敌敌畏熏蒸 6 小时，效果更好。此外防治蚜虫还可用 40% 菊马乳油 2 000～3 000 倍液、40% 敌马乳油 2 000 ~ 3 000 倍液、5% 功夫菊酯 3 000 倍液、来福灵 3 000 ~ 4 000 倍液等。防治白粉虱可用扑虱灵 2 000 倍液杀若虫、天王星 2 000 倍液或功夫 3 000 倍液杀成虫。防治霜霉病应在第一片真叶长开后，用百菌清可湿性粉剂喷雾；或用百菌清烟雾剂熏蒸，每亩用 200 克；或用百菌清粉尘剂喷粉，每亩用 500 克。

（8）壮苗标准　苗龄为 25 ~ 30 天，小苗为二叶一心至三叶一心，子叶肥大平展，茎粗约 0.6 厘米，苗子的叶色为深绿，胚轴短，根系发达，无病虫害。

6. 水果型黄瓜嫁接育苗

嫁接育苗是采用无性杂交的方法，将要栽培植物的枝条或芽苗接到另一株带有根系的植物上，使枝条或芽苗接受其营养而成为一株独立的植物。采用嫁接是防止土传病害的有效方法。同时，嫁接苗根系发达，可提高作物的抗寒、耐盐碱能力及提高抗病能力。黄瓜在冬季生产中多采用嫁接技术，通过嫁接达到解决黄瓜重茬发生枯萎病严重及低温结果差等问题，从而实现黄瓜高产、稳产、优质生产目的。水果型黄瓜在早春、冬春茬栽培中也多采用嫁接育苗技术，常用的嫁接方法有插接法和靠接法两种。

（1）砧木的选择　水果型黄瓜嫁接砧木应选择抗土传病害特别是抗黄瓜枯萎病的种类，同时要考虑到与其血缘关系较近，亲和性好的种类。适宜的砧木选择表现为嫁接成活率高，嫁接后不发生生长异常现象，对果实品质无不良影响。目前，尚未有水果型黄瓜嫁接专用的砧木，国外常用美国黑籽南瓜，我国则多用云南黑籽南瓜等一般黄瓜嫁接用的砧木替代，黑籽南瓜作砧木主要以抗病、抗寒、生长势强为主要特点。

（2）嫁接工具及场地准备

①刀片：刮脸刀片使用时纵向分成两片，去掉毛刺，每片可嫁接 200 株左右。刀片切削发钝时要及时更换，以免切口不齐，影响嫁接苗成活。

②竹签：用于插接法插孔及剥去砧木生长点的工具。竹签用

竹竿或竹筷自制而成。竹签一端削成与接穗茎粗细相等的平面，另一面为半弧形，长 1.0~1.5 厘米，尖端稍钝，用火柴轻烧一下，使尖端变硬而无毛刺。

③捆扎工具：嫁接时为使砧木与接穗切面紧密结合，嫁接部位多用塑料嫁接夹或塑料条进行捆扎。以嫁接夹使用方便，效率高。现北京、上海、天津等地大批量生产嫁接专用塑料夹，各地农资部门均可买到，可一次购买，多次使用。每次重复使用前应事先用 200 倍液福尔马林浸泡 8 小时消毒。生产上也可用地膜剪成宽约 0.3 厘米塑料条或用长宽各 1.5 厘米胶带纸缠绕固定。

④其他工具：应准备洁净毛巾、小盘、手持小型喷雾器、嫁接台、工作凳等。刀片、竹签、毛巾、小盘用前须用开水或酒精消毒，刀片、竹签嫁接过程中应经常用布擦净，不要沾土，以防嫁接处感染。

⑤场所：嫁接的场所一般在有防雨、遮阴网、防虫网（秋季育苗）和加温设施（冬季育苗）的日光温室内苗床附近，其温度条件以 25℃ 左右为宜，空气相对湿度在 80% 以上，光照强度以 1 万~2 万勒克斯的中等光照最好。为防止日光直射，造成接穗失水过多，嫁接场所要适当遮阴。嫁接前周围适当洒水，以提高环境湿度，减少接穗失水。嫁接适宜时间因栽培季节、天气状况、设施性能等而异。原则上阴天可全天嫁接，晴天上午嫁接。但秋冬茬黄瓜 10~11 月嫁接时外界光照较强，室温较高，应在早晚或中午盖苫条件下进行。而冬春茬在 12 月嫁接，此时室温低，光照弱，以揭苫后 9~15 时为宜。嫁接前温室内应备好嫁接苗床，用以摆放嫁接好的嫁接苗。嫁接苗床为平畦。畦面宽 1.0~1.2 米，长 4~5 米为宜，将畦面耙平踩实，嫁接前 2~3 天灌 1 次水后铺地膜。嫁接苗床上要支 50~60 厘米高的小拱棚，骨架可用细竹竿或 8 号铅丝，上盖旧地膜。若 10~11 月份嫁接，还应备足苇帘或遮阳网，以遮光降温。嫁接场所的准备，是为嫁接苗提供一个适宜的温度、湿度条件，有利于嫁接苗的成活。

（3）黑籽南瓜育苗

①确定用种量：云南黑籽南瓜 11 ~ 12 月份采收，其种子采收后 50 ~ 60 天后发芽率最高，种子发芽率约 40% 左右，采用 0.3% 过氧化氢浸泡 8 小时，再晾种 18 小时，发芽率可达到 80% 以上。生产上应选用发芽率 80% 以上的种子。每公斤黑籽南瓜约有 4 000 ~ 5 000 粒，按 80% 发芽率及 80% 嫁接成活率计算，每公斤种子可成苗 2 400 株左右，每亩按 3 000 株种植，水果型黄瓜嫁接每亩约需黑籽南瓜种子 1.5 公斤。

②提高发芽率：首先晒种 2 ~ 3 天，捡出破损、虫蛀、瘦小、畸形种子。其次严格捡芽，分批播种。即先用 50 ~ 55℃ 热水搅籽，随搅籽随加少量热水，保温 10 分钟，后加冷水使水温降至 30℃，再浸泡 12 小时。捞出种子，掺少量沙子，轻搓种子上黏质，再淘几遍清水，使种子不黏滑为止，控水 3 小时左右，摊开种子使种皮略干，用干净湿布包好，催芽温度 28 ~ 30℃，保持 24 小时，少量种子露白后，夜温降至 20 ~ 23℃，以免夜间捡籽不及时，造成芽过长。从少量种子露白时开始捡芽，白天每隔 5 ~ 6 小时捡 1 次，将捡出种子贮存于 3 ~ 5℃ 低温下，待存够一定数量的芽后集中播种。一般催芽 5 天后的种子无论是否发芽均不再使用。挑出的种子可分 2 ~ 3 批播种，分批嫁接。

③育苗方式：用黑籽南瓜作砧木，砧木的播种期插接法比水果型黄瓜早播 4 ~ 5 天，靠接法比黄瓜晚播 3 ~ 5 天，催芽至 70% 以上种子出芽即可播种。备好育苗基质：草炭土∶蛭石 = 4∶1，每立方米基质中加膨化鸡粪 5 公斤，三元复合肥 1 公斤，多次混和拌匀。将配好的育苗基质分别放在 8 厘米 × 8 厘米育苗钵和 25 厘米 × 60 厘米 × 5 厘米育苗盘中，浇透水，水渗下后，在上面撒一薄层基质。采用插接法，在育苗钵中每钵播 1 粒已发芽的黑籽南瓜种子，在育苗盘中播已催芽的黄瓜种子。如采用靠接，砧木和黄瓜种子均分别播在育苗盘中。播后覆土，床面覆盖地膜。

④适龄南瓜壮苗标准：南瓜砧木适宜苗龄因嫁接方法不同而

异。其中靠接法对苗龄要求不严，从子叶充分展开到第一片真叶展平均可；插接法要求苗龄较大，从第一真叶展开到完全展平最好。此时下胚轴长 4～5 厘米，较粗壮，子叶、真叶颜色深绿，插竹签时不易插裂。由于这时子叶节细胞未老化，易形成愈伤组织。且下胚轴空心较小，离子叶节较远，插竹签时不易插到空心处，以防嫁接长自根，形成假活苗。若顶芽接失败，因胚轴较粗，可用侧接法补接，较易成活。如果南瓜苗已达嫁接适期而又不能及时嫁接时，应及时除去生长点和真叶，以待嫁接。

⑤加强育苗管理：播前将营养土浇足底墒水，种芽 0.5 厘米播种较宜，播后盖 1.5 厘米细潮土。幼苗出土前，昼温 28～33℃，夜温 18～20℃，土温 22～28℃，以利出苗快而齐。当幼苗 60% 拱土时，薄撒一层细土，防止出现"戴帽苗"。同时昼温降至 25～28℃，夜温保持 18℃。苗出齐后夜温降至 15℃左右，有利于培育壮苗。嫁接前 2～3 天，夜温保持在 13℃左右。用喷壶浇透南瓜幼苗，冲净子叶节上的泥土污物，保证营养土水分充足，以利嫁接苗挺拔，伤流多，接穗不萎蔫，同时还可增加嫁接现场空气湿度，促进嫁接苗成活。

（4）水果型黄瓜接穗育苗　水果型黄瓜接穗育苗均采用育苗盘育苗，可避免黄瓜土传病害传染，便于控水调温，防止接穗萎蔫，提高嫁接成活率。备好育苗基质，将配好的育苗基质放在 25 厘米×60 厘米×5 厘米育苗盘中，浇透水，水渗下后，在上面撒一薄层基质。苗盘中播已催芽的黄瓜种子。也可采用育苗箱培育砧木与接穗苗，以利嫁接便利。

水果型黄瓜嫁接苗适宜苗龄为子叶将展平，叶片肥厚，边缘稍上扣，子叶上翘角度与地平面成 15°～25°夹角，无子壳痕迹。株高 2～3 厘米，茎粗 1.5 毫米时嫁接为宜。插接法水果型黄瓜接穗可适当大一点，即子叶充分展开嫁接最好。

（5）嫁接方法

①插接法：插接法是砧木在子叶节以上用竹签插孔，接穗断

根，并将其插入砧木插孔内。该方法对苗龄要求严格，成活率高，缓苗期短，嫁接速度快，不需固定物，接口也最高。插接法须提前 3～4 天播种砧木。当黄瓜子叶展平，颜色由黄转绿；砧木幼苗第一片真叶约 2 厘米宽，株高 6～7 厘米，茎粗 0.6 厘米时，为嫁接适期。嫁接时先去掉砧木真叶和生长点，使其形成平台状，同时抹去腋芽。左手轻轻捏住砧木子叶节，右手拿竹签，与砧木子叶水平线成 40°～45°角，从右侧子叶向另一侧子叶方向斜下插，竹签头露出位置正好是左侧子叶下 0.25～0.35 厘米，应一次插成。然后用刀片在距黄瓜幼苗生长点下 0.5～0.8 厘米有子叶的一侧相对各削一刀，切口长 0.6～0.7 厘米，刀口削成楔形。削好的接穗，其刀口长短、接穗粗细应与竹签插入砧木部分相近，以保证接穗与砧木吻合。将接穗沿砧木刺孔插入时，下端应露出茎外 0.1 厘米左右，使两者切口密切接合，并使其子叶呈十字交叉形，以免相互重叠，影响光合作用。

除上述常规插接法外，日本在黄瓜插接时还采用砧木、接穗均断根的断根插接法。其特点是砧木断茎后，从胚轴处可长出数量更多的新根群，且嫁接时砧木、接穗均不沾泥土，大大提高工效。但由于黑籽南瓜胚轴较短，子叶过大，故不适断根嫁接法。而代之以笋瓜与南瓜的种间杂一代"新土佐"品种，因其耐低温、高温，长势旺盛，育苗管理简单，较易嫁接，在日本广受欢迎。断根插接技术与普通插接法相同，只是嫁接后应以促使砧木发根为重点，加强嫁接苗管理。

②靠接法：靠接法是砧木在子叶节以下切口，接穗不断根。砧木与接穗切削好后，互相对靠在一起。该方法技术易掌握，成活率高。但嫁接速度慢，需要固定物。同时需增加接穗断茎去根工序，较费工。

靠接法砧木比黄瓜晚 3～5 天播种，以保证接穗和砧木茎粗相近，便于靠接。黄瓜第一片真叶开始展开，砧木子叶完全展开，接穗和砧木下胚轴长 7～8 厘米时为嫁接适宜时期。嫁接前

30 分钟将接穗带根挖出，清水冲洗根部泥沙，置于干净的碗内，加适量水使接穗根部及下胚轴浸入水中，以保持接穗水分充足。嫁接时先把南瓜真叶和生长点挖掉，用刀片在子叶下 0.8 ~ 1 厘米处向下斜切一刀，角度为 35°~ 40°，深达胚轴直径 2/3 处，长度约 1 厘米。注意剜心叶时不要挖得过深，以免中腔进水，引起幼苗枯死。然后在黄瓜子叶下 1.2 ~ 1.5 厘米处向上斜切一刀，角度为 30°左右，深度为茎粗的 3/5。因黄瓜幼苗胚轴较南瓜细且软，要下刀准确，不能回刀或错刀，以免影响切口愈合，降低成活率。当砧木、接穗切削完毕，一手持南瓜苗，一手拿黄瓜苗，把两接口吻合，使黄瓜子叶压在南瓜子叶上面，呈"十字"形，要一次插好插牢，否则易造成错位而影响成活率。嫁接夹钳夹时应将其内口放于接穗苗一侧，并使嫁接夹下沿与接合口下位取平，以利愈合。嫁接好的苗移入营养钵中。

③劈接法：劈接法是嫁接方法中最简单的一种，其成活率较低，一般不采用。当靠接第一次不成活时，多用劈接救。

劈接法应提前 4 ~ 5 天育砧木苗，以保证砧木苗足够大，便于劈接。嫁接时先用刀片将砧木心叶及生长点一起去掉，在两子叶间用刀片沿胚轴向下劈开 1 厘米深。黄瓜接穗则距子叶 1 厘米处垂直于子叶展开方向，削成楔形，楔面为三角形，一面带表皮，迅速插于砧木切口内，使砧木与接穗外缘对齐密接，且使接穗两子叶与砧木苗子叶呈十字形。嫁接完毕，立即用嫁接夹固定。劈接法要求技术性强，技术要点为：先削心，后开膛，削口开，成楔形。外齐里不齐，里皮对外皮，接后要夹好，遮阴防晒，保温、保湿成活好。

（6）嫁接后的管理

①移栽：嫁接时黑籽南瓜苗如直接种在营养钵内，嫁接方法采用插接法，嫁接后只要及时将苗钵放入已准备好的小拱棚中即可。如砧木和接穗苗播种在育苗盘中，无论是插接还是靠接，嫁接苗应随嫁接随移栽，最晚也应在嫁接后 2 ~ 3 小时内全部移栽

完毕，以保证嫁接成活率。嫁接前应备好移栽用的营养钵和营养土，嫁接前一天，将钵装好营养土，然后将钵码放整齐，摆好后用喷壶或喷雾器洒水，待水渗透，表土稍发干即可用于栽培幼苗。移栽时，用木棍或小铲在营养钵中间戳一深 3～5 厘米小穴，移入嫁接苗。靠接法嫁接苗入钵时注意砧木、接穗下胚轴自然分开，不要将二者强行挤压在一起。（南瓜）砧木根系应全部入土并充分伸展，若须根过长，可剪去一部分。而黄瓜接穗根系入土深度则因南瓜砧木而定，一般不作特殊处理。但应注意嫁接苗结合部不得沾染泥土，结合口距钵土表面至少 1 厘米，以防止染病或不愈合而影响成活。

嫁接中边嫁接边将苗钵整齐地排入苗床中，用细土填好钵间缝隙，边浇水，边盖膜。最后扣好小拱棚。

②移栽后管理：嫁接后砧木与接穗的愈合过程，一般需要 10天左右时间。首先砧木与接穗伤口之间形成愈伤组织，愈伤组织形成前为接合期。如环境条件适宜，24 小时即可形成愈伤组织；其二为愈合期。此期砧木和接穗组织密切结合，开始进行养分水分交流，需 2～3 天。在此期间，白天盖草苫或遮阳网遮阳。嫁接后 3 天内不通风。苗床白天气温 25～28℃，夜间18～20℃，空气相对湿度85%～95%。根据室内湿度大小，每天对黄瓜子叶喷雾1～2 次，其中一次有 500 倍百菌清药液。其三是融合期。嫁接后4～6 天：此期是假导管形成期，融合处细胞分裂繁殖旺盛，砧木和接穗组织融合，逐渐形成输导组织的连接维管束。小棚内湿度保持在 95% 左右，白天温度25℃，夜间温度16～18℃，光照强时，上午 10 时至下午 15 时遮光。可就地取材，既可用遮阳网，也可用竹帘、草席、树枝等遮光。3 天后，如嫁接苗不萎蔫，可短时间少量通风。拉苫后和盖苫前小拱棚顶缝应开 4～7 厘米的小缝，通风 1 小时左右。1 周后接口愈合，可揭去草苫，开始加大通风量。通风口由小增大，通风时间逐渐延长。9～10 天后则可大通风。若幼苗出现萎蔫，还应及时遮阴喷水，关闭风口。此时白天温度保

持在 20～25℃，夜间 12～15℃。管理正常时，接穗下胚轴会显著伸长，子叶叶色由深绿变为淡绿色，第一真叶开始吐心或呈顶鸡冠状态。嫁接后 7～10 天：此期是真导管形成期，小棚内湿度应降到 90% 左右，湿度过大，不仅南瓜子叶容易感染腐烂，而且黄瓜接穗容易长出不定根影响成活，或造成接穗徒长，因此小棚膜要整天开 4～10 厘米的小缝，白天温度 25℃，正常情况下，接穗可以长出 1～2 厘米有光泽的真叶，标志着接穗已和砧木完全愈合，应及时将已成活的嫁接苗移出小棚。凡真叶生长不足 1 厘米，或长到 1 厘米以上叶色呈暗绿的，应在小棚内多呆几天，达到上述标准时，再移出小棚。

一般嫁接 10 天达到成活期。嫁接苗初期多表现砧木特性，中期表现接穗特性。用靠接法嫁接的秧苗，嫁接 10 天后即可给接穗断根。应及时去除嫁接夹，并切断接穗根系，以防病菌侵染。多用平头剪刀从嫁接夹下沿接合口下位剪一刀，再从营养钵土表剪一刀，使黄瓜幼苗根、茎完全断开，以免重新愈合。由于断根后，常会从结合口下侧重新长出不定根，若不定根重新入土，就会出现假接现象。因此，须经常检查，并于定植前剪去。同时注意砧木心叶是否去除彻底，若发现心叶长出应及时除去。砧木生长点去除后，会促使侧芽萌发，与接穗争夺养分，影响接穗成活。因此，应及时去掉侧芽，一般 2～3 天去除 1 次。注意断根切心后 2～3 天内不要在植株上洒水。

（二）周年生产茬口安排

水果型黄瓜单株结瓜多，高产潜力大，适宜保护地栽培，尤其适宜在光照充足、温度适宜、二氧化碳浓度充足的大型连栋温室内进行常年无土栽培，但是目前许多种植者还不具备这种条件。如在普通温室和大、中棚内生产，尽量创造适宜生长发育的条件，也能得到 5 000 公斤以上的产量和较高质量的产品。各地气候条件不同，以北京地区为例，有以下几个茬口（表5），若将不同设施、不同茬口有计划地安排生产，基本能做到周年供应。

表5　保护地生产周年茬口安排表

茬　　次	播种育苗	苗龄	定植期	采收期
日光温室早春茬	1月上、中旬	30天	2月中旬	3月中旬~7月中旬
塑料大棚春茬	2月下旬	30天	3月下旬	4月下旬~7月下旬
塑料大棚秋茬	7月中下旬	25天	8月上、中旬	9月上旬~10月中旬
高效温室秋冬茬	8~9月	30天	9月~10月中旬	10月~3月下旬
高效温室越冬茬	9月下旬~10月初	30天	11月初	12~4月

①春季大棚水果型黄瓜栽培；

②秋季大棚水果型黄瓜栽培；

③日光温室秋冬茬水果型黄瓜栽培；

④日光温室冬春茬水果型黄瓜栽培；

⑤日光温室早春茬水果型黄瓜栽培。

（三）春季大棚水果型黄瓜栽培

春季塑料大棚栽培是水果型黄瓜生产的一种重要方式，随着水果型黄瓜走俏市场，栽培面积逐年在增加。春季大棚水果型黄瓜栽培的季节气候，是由温度低向温度高转变，有利于水果型黄瓜的生长，此茬产量高、品质好，在春夏淡季供应中，有较高的经济效益。

1. 多层覆盖保温

用于春季水果型黄瓜栽培塑料大棚多为棚宽5~10米，内高2.5~3米，长度在30~50米。塑料大棚白天升温快，晴天上午每小时增温5~8℃，夜间降温也较迅速，下午15~17点每小时可降温10℃，昼夜温差较大。棚内气温的变化与外界气温的变化趋势基本一致。2月下旬~3月中旬，棚内温度平均只有12℃，3月下旬~4月中旬，棚内平均温度可达到20℃，基本能满足水果型黄瓜的生长。如果采用棚膜双层或三层覆盖时，比单层分别提高4~6℃。棚内设小拱棚，小拱棚内日均温度可提高2~3℃。另外，围草帘、加围裙等都可提高保温效果。采用多层覆盖保温，可提早水果型黄瓜栽培定植期，保证五一节前摘瓜。

2. 培育壮苗

一般黄瓜春大棚栽培，苗龄在50天左右，苗的大小达到4~5片叶以上，苗高15~20厘米。水果型黄瓜苗龄不宜过长，苗龄在25~30天左右。大棚栽培在3月下旬定植，育苗应在2月下旬进行。此时外界气温很低，为保证苗的质量，应在高效节能型日光温室内育苗。育苗温室最好有加温设施，以便容易掌握温度。为提高幼苗抗性，早缓苗，定植前1周适当降低苗床温度，进行低温锻炼。夜间逐渐减少草苫等覆盖物，最后2~3天完全不盖草苫。白天增加放风量，温度控制在20~23℃，夜间温度在8~10℃，并有1~2天经受5℃左右短时间低温锻炼。春大棚水果型黄瓜育苗可嫁接也可不嫁接。其壮苗标准为苗子二叶一心至三叶一心，子叶肥大平展，茎粗约0.6厘米，苗子的叶色为深绿，胚轴短，根系发达，无病虫害。

3. 扣棚整地

春季大棚水果型黄瓜栽培扣棚最佳时间为头年11月底，未上冻前。次春扣棚最晚时间要在定植前30天完成，即开始育苗时就扣棚。定植前10~15天开始整地作畦，每亩施腐熟有机肥5 000千克，并混入过磷酸钙100公斤，草木灰100公斤，磷酸二铵30公斤。提高整地质量，使肥料与土掺匀，达到平整、疏松、细碎无坷垃的标准。结合整地施肥，地面喷500倍液敌克松进行土壤消毒。

4. 适期定植

当棚内最低地温在日出1小时后，10厘米深处土温稳定在

15℃以上，气温在 10℃以上，短时间灾害天气温度不低于 4 ~ 5℃时才能定植。根据北京春大棚水果型黄瓜栽培经验，单层大棚定植期在 3 月 27 日以后，双层大棚在 3 月 20 日，多层大棚可提前到 3 月 15 日。

5. 定植及密度

定植时要选择"冷尾暖头"的晴天进行。水果型黄瓜春大棚栽培多采用小高畦，畦高 20 ~ 30 厘米，畦宽 1.2 米。每畦栽两行，小行距 60 厘米，大行距 120 厘米。株距 30 ~ 40 厘米，每亩 2 000 ~ 2 500 株。定植前在畦面上铺地膜，尽可能安装滴灌设施。在小高畦两侧膜上打直径 10 ~ 12 厘米，深 10 厘米的定植孔。栽苗时不要散坨，栽苗后封严定植孔周围薄膜。定植深度，使土坨与地面相平即可。定植后浇定植水量要大，使水渗透到膜下的苗坨上。如有膜下滴灌系统，放水，水从软管微孔流出，渗入黄瓜根系周围土中，既满足植株水分需求，又不会因浇水降低地温，浇水量也易控制。

6. 定植后棚间管理

水果型黄瓜春大棚栽培定植后，天气尚未完全转暖，为有利于缓苗，应以升温保温为主。浇定植水后封棚 5 ~ 7 天，使棚温白天尽量提高，中午如温度达到 35℃以上时，可进行短时间放风。蹲苗期要短，5 ~ 7 天即可，蹲苗后浇缓苗水，水量不要过大。及时立支架或吊塑料绳引蔓。浇缓苗水后，植株开始生长，进入抽蔓期。到 4 月中旬，外界气温逐渐升高，晴天中午棚内最高气温可达 40℃以上，此时清晨要打开风口 1 小时左右，放出潮气，然后闭棚增温；到中午及午后适量通风，使白天温度保持在 28 ~ 30℃；夜间闭棚防寒，温度在 15 ~ 16℃。

水果型黄瓜春大棚生产中，植株调整是关键技术措施之一，一般从第 6 节开始留瓜，1 ~ 5 节位瓜及早疏掉。中部每节可以留 1 ~ 2 条瓜，及时疏掉多余的花。采瓜期要保证肥水的供给，根据墒情 4 ~ 7 天浇 1 次水，15 天左右穴施 1 次有机肥，每亩可施膨化鸡粪100公斤，也可每亩随水施硫铵10~15公斤。

7. 采收

春大棚栽培水果型黄瓜瓜码密，结瓜多，及时采收可保持其良好的果型和特有的风味，若不及时采收会影响植株生长和发育。采收标准依品种而定，一般瓜长15厘米左右，横径2~2.5厘米，单瓜重80~100克即可采收。春大棚水果型黄瓜采收期可延长到7月，此茬产量最高，亩产可达6 000公斤。

（四）秋季大棚水果型黄瓜栽培

秋季大棚水果型黄瓜栽培是增加栽培茬次，实现水果型黄瓜周年供应的一种栽培方式。此茬口经历夏、秋、冬3个季节，气候特点正好与春大棚生产相反。生长前期高温多雨，气候炎热潮湿，极易发生各种病害；生长中后期气温逐渐下降，造成植株生长滞缓，瓜条生长缓慢，产量不如春茬水果型黄瓜。但采用相应的增产措施，做好病虫害的防治，提高产品质量，秋季大棚水果型黄瓜栽培仍有较高的经济收入。

1. 品种选择

大棚的气候环境特点是前期炎热高温，后期寒冷低温。8~9月棚内温度在35℃以上，而10~11月只有14℃。生产上宜选择苗期抗热，后期耐低温，植株长势强，抗病力强的杂交一代良种，如"申绿"、"戴多星"等。

2. 培育壮苗

秋茬黄瓜栽培多采用直播，但水果型黄瓜种子价格贵，对育苗质量要求高，故水果型黄瓜秋大棚生产多采用营养钵育苗。育苗场地最好选择日光温室，将温室上下放风口打开，以便通风。温室棚膜仍旧保留，可以起到防雨的作用。温室内设遮阳网，用于遮阴降温。在放风口架设防虫网，防治害虫进入温室传播病害。选用日光温室及多项辅助设施育苗，可起到通风、防雨、遮阴、降温、防病虫等效果。如采用大棚育苗，也要加设上述辅助设施，以便保证育苗的质量。秋季育苗，苗钵摆放间距要大，以利通风，防止因窝风遮阴造成徒长。播种后，不旱不浇水，防止湿度过大，病害蔓延。苗龄 20~25 天，二叶一心即可。

3. 扣棚整地

大棚前茬蔬菜应及早收获，保证秋茬生产按时进行。前茬收获后，及时清除棚内残枝败叶及大棚周边杂草，保证田园清洁。整地前应对棚室内土壤进行消毒。土壤消毒可于 7 月初每亩施石灰 50~100 公斤，碎稻草 500~1 000 公斤，均匀撒于地上并翻入耕层内，起垄铺上地膜后灌足水，将棚膜密封 15 天左右，保持地表温度在 25℃ 以上。土壤高温消毒对枯萎病、黑星病、炭疽病及根结线虫均有明显的杀伤作用。消毒后，揭开底角棚膜放风。土壤干湿适宜时，深翻施肥作畦。每亩施经充分腐熟的优质有机肥 3 000 公斤，翻入土壤中与土壤混匀，耙平地面后，再开沟施腐熟饼肥或膨化鸡粪 100~150 公斤，盖土后作畦高 10 厘米，畦宽 60 厘米，沟宽 70 厘米，畦间距 130 厘米的平畦。大小行种植，以利通风透光，便利操作。

4. 适期定植

水果型黄瓜秋季大棚栽培播种期不能太早，播种过早，苗期正处在炎热多雨的夏季，幼苗生长困难，易发多种病害。但也不能太迟，我国北方地区，每逢霜降节气后，气温急剧下降，水果型黄瓜正常生长遇到困难，严重影响产量。据此推算，华北地区播种适期为 7 月中、下旬，8 月上、中旬定植，长江中下游地区的适宜播期为 8 月下旬，9 月中旬定植，而高寒地区在 6 月下旬~7 月上旬播种。秋季大棚水果型黄瓜栽培期不应少于 100 天，否则经济效益会太差。

5. 定植及密度

定植前应对棚内进行熏蒸消毒，扣严棚膜，密闭棚室，每100 平方米用硫磺粉 0.15 公斤，掺拌锯末和敌百虫各 0.5 公斤，均匀分放棚内数处点燃，密闭棚室熏蒸一夜，可消灭地上部分害虫及病菌。此时，应在放风口和大棚出入口加设防虫网，水果型黄瓜秋季大棚栽培，防虫网对预防病虫害起到重要的作用。水果型黄瓜秋季苗龄时间短，二叶一心即可定植。定植前在畦上开沟，沟内灌水，将苗放入沟内，水渗下后覆土，土层与营养土坨平齐即可。定植时间最好选在阴天或傍晚。定植后 2 ～ 3 内浇一次缓苗水。定植密度采用大小行种植，株距 30 ～ 40 厘米，每亩 2 000 株左右。

6. 定植后棚间管理

秋大棚栽培的气候变化是温度由高到底，在温、湿度管理上要适应这种变化。定植后正值高温多雨季节，要注意通风降温，通风时一定要将通风口等处封严。秋季栽培不铺地膜，苗期、抽蔓期要及时中耕、除草、松土，结瓜后不能中耕，只能拔除荒草。浇水要少而勤，绑架、吊蔓前结合浇水追施尿素 5 公斤，用于提苗。植株长到 20 厘米高左右，3 ～ 4 片真叶时开始绑架、吊绳引蔓。采用单干整枝，除去 5 节以下所有侧枝和花芽。当植株长到吊绳顶端时，及时放绳落蔓。9 月份以后是生长最旺盛时期，白天棚温控制在 25 ～ 30℃，夜温在 15 ～ 18℃，白天、夜间要加强通风。夜间温度降至 15℃ 以下时，只白天通风，夜间不通风。开始结瓜后就不能缺水，随着结瓜增多，逐渐增加浇水量。过分控水会使叶片小，生长慢，瓜条不好。一般 4 ～ 5 天浇 1 次水，隔一次水施一次肥。但不应大水漫灌而使棚内湿度过高，不利于防病。天气温度下降后，8 ～ 10 个天浇 1 次水。10 月份以后，气温下降较快，瓜条生长速度减慢，收瓜量减少。为防寒保温，一般只在中午温度较高时通风换气，夜温降至 10 ～ 12℃，大棚四周围以草帘，也可在棚内挂塑料膜围裙等保温措施。为尽量延长采收期，可用 0.2% 尿素或 0.2% 的磷酸二氢钾进行叶面追肥。

7. 采收

水果型黄瓜秋季大棚栽培采收期较短，应及时采收。前期适当带小采收，使采收盛期的瓜充分发育，保证后期产量。

（五）日光温室早春茬水果型黄瓜栽培

水果型黄瓜春大棚栽培最早采瓜要在 4 月下旬，五一前后。由于日光温室性能优于塑料大棚，日光温室早春茬水果型黄瓜栽培在 3 月中旬即可收瓜。是水果型黄瓜早春供应的重要茬口。早春温室内气温及地温开始升高，已经能满足水果型黄瓜生育要求，定植时间早于春大棚生产，结果期比大棚早 1 个月，而拉秧时间和春大棚栽培相同，因而产量高，效益优于春大棚生产。

1. 设施选择

日光温室从产生、发展到结构日益趋于完整的今天，经历了一个很长的时间。由于地域的不同，建造的时间不同，日光温室的结构、性能千差万别。从性能上划分，基本上可分为两大类：一类是属于早期类型的温室，一般后墙较薄，屋脊高度较矮，前坡立面较低平，其采光、保温效果不甚理想。如没有辅助加温设施，不能进行冬季喜温蔬菜生产，但性能优于塑料大棚。另一类是在前者基础上改进的高效节能型日光温室，性能明显优于早期日光温室。原则上讲，日光温室都可以用来进行早春茬水果型黄瓜栽培，但从合理利用及经济效益上考虑，早春茬水果型黄瓜栽培多用普通日光温室，而高效节能型日光温室多用冬茬水果型黄瓜生产。

2. 培育壮苗

该茬育苗正值一年中最寒冷的季节，育苗场地最好选用高效节能型日光温室，并备有随时可以启用的辅助加温设施，有条件可采用电热温床育苗。播种时间在 1 月中旬，为有利于出苗和提高植株抗寒能力，种子发芽后在 $-2 \sim 0℃$ 环境下处理24~48 小时，然后播种。一般选晴天上午播种，播种后扣小拱棚。幼苗出土需较高温度，苗床内温度白天保持在25～30℃，夜间16～18℃，床温比气温高1～2℃。80%苗出齐后应及时放风降温，白天保持在20～25℃，夜间14～16℃，防止徒长。苗期浇水要适当，过大易发生沤根。当营养土表层土干燥时，可撒细土覆盖。必要时，少浇水，浇小水，以保持适宜的土壤湿度。小拱棚有利于苗期保温、保湿，但影响光照，在确保温度的前提下，每天都要揭膜放风排湿，增加光照。苗龄约35天，三叶一心时即可定植。

3. 温室消毒

用于早春茬水果型黄瓜栽培的日光温室，其前茬最好不是进行瓜类生产的温室，尤其是黄瓜栽培，连茬生产极易发生土传病害。前茬生产结束后，及时清理场地，将拉秧后残存的残枝败叶清除出温室。定植前应对温室内进行熏蒸消毒，密闭温室，每100平方米用硫磺粉0.15公斤，掺拌锯末和敌百虫各0.5公斤，均匀分放温室内数处点燃，熏蒸一夜。

4. 整地作畦

前茬作物收获后，将场地清理干净，每亩地面撒施优质有机肥4 000～5 000公斤，磷酸铵100公斤，饼肥或膨化鸡粪200公斤，草木灰100公斤。深耕25～30厘米，使肥料与土混匀。作成25～30厘米的高畦，行距90～100厘米，可单畦单行，也可大小行定植，大行120厘米，小行60厘米。为降低空气湿度，最好采用膜下软管滴灌。

5. 定植及密度

日光温室在不加温的情况下，地温必须稳定在10℃以上，气温不低于5℃时才能定植。华北地区多在2月中旬定植，高寒地区如果温室性能比较差，定植时间要相对延后。高畦，在畦面上栽双行，小行距60厘米，株距30～40厘米，每亩2 000株左右。选择坏天气刚过的晴天上午定植，争取在下午2时前定植完毕，定植后最好能赶上 3~5 个晴天。定植时先在畦面按行距开沟，定植沟内每亩施磷酸二铵 50 公斤，将选好的壮苗按株距摆入沟内，苗坨用土稳定，苗不宜深栽。栽后每株浇稳苗水，水量以湿透苗坨为准。切忌大水漫灌，以免降低地温。浇稳苗水后封土，覆盖地膜。

6. 定植后温室田间管理

一般在定植水浇足的情况下，缓苗期不再浇水。未覆盖地膜的要中耕 2~3 次，盖地膜的要锄松垄沟土，达到保墒、提高地温和促进缓苗的目的。这一时期的外界气温还比较低，经常伴有寒流出现，因此要特别注意防寒保温，定植初期最好在畦面上覆盖小拱棚，温室上方悬挂二层保温幕。温室内气温不超过 35℃不放风，遇到大风降温天气，温室内气温降至 15℃ 以下，要人工加温，以防冻害。缓苗后，白天温度保持在 25~30℃，夜间 13~15℃。没有加温条件的日光温室，白天最高温度升到 35℃以上时，才开始放风，以便白天多贮存热能，避免夜间温度降的过低。此时，装有滴灌设施的可进行滴灌，没有滴灌设施的选晴天顺沟浇一次大水。缓苗后要及时吊绳绑蔓，使黄瓜龙头处在同一高度。

日光温室早春茬水果型黄瓜 1~5 节不留瓜，从第六节开始坐瓜。未坐瓜前，水肥管理以控为主，促根控秧，防止徒长。白天温度在 30℃左右，夜间 14~16℃，不旱不浇水，缺水时滴灌或顺沟浇小水。第六节瓜坐住后，浇第一次肥水，每亩追施发酵好的饼肥或膨化鸡粪 150 公斤，采用穴施，浇一次大水，促秧促果。进入盛瓜期，植株营养生长和生殖生长同时进行，既要保持温度，又要大肥大水。进入 3 月下旬，外界气温开始回升，温室内气温在中午时较高，要防止高温危害，白天温度保持在 25~30℃，夜间 14~15℃，超过 32℃ 时要放风。阴天，室温比晴天低 2~3℃，阴雨天也要揭开草苫，适当放风、排湿，以控制病害发生。4 月上旬随气温升高，要逐渐加大放风量，但夜温须保持在 15℃以上。

水果型黄瓜 1~5 节不留瓜，第一根瓜坐住后，加强肥水管理，保持土壤湿度。采收初期 6~7 天浇 1 次水，隔一次水追一次肥，采收盛期 4~5 天浇 1 次水，隔一次水施一次肥。每次随水每亩追施尿素或磷酸二铵 10 公斤。追两次氮肥后，追一次复合肥，每亩追三元复合肥 10~15 公斤。结瓜期要及时绑蔓，摘除侧枝，瓜秧满架后，应放绳落秧。经常摘除卷须、老叶、病叶，以利于通风透光。

后期管理要加强病虫害管理，防止植株早衰。结合打药可进行叶面喷肥，常用 0.2% 磷酸二氢钾或 0.2% 磷酸二铵或 0.2% 尿素喷施叶面。生长末期，及时拉秧。

7. 采收

初期 2~3 天采收 1 次，盛瓜期每天采收，阴天 2~3 天收 1 次。采收应在早晨进行。

（六）日光温室秋冬茬水果型黄瓜栽培

日光温室水果型黄瓜秋冬茬栽培一般 8 月上中旬至 9 月上旬播种，10 月上旬开始采收。此茬生产气候特点是苗期处在高温季节，经过一段短期的适温后，随即转入低温期，光照也由强变弱。和日光温室早春茬水果型黄瓜栽培气候特点正好相反，类似秋大棚水果型黄瓜栽培。但由于日光温室保温性能优于塑料大棚，其生产时间可整体向后延迟。秋大棚水果型黄瓜播种一般在 7 月中、下旬，到 10 月下旬基本结束生产。日光温室水果型黄瓜秋冬茬栽培可延至下一年 1 月中旬，是北方地区水果型黄瓜供应的重要环节。

1. 设施选择

日光温室水果型黄瓜秋冬茬栽培，按生产顺序排在秋大棚后，日光温室冬春茬前。整个生产时间由高温到低温，在最冷季节前结束生产。考虑到此茬对日光温室保温性能要求不太严格，在生产中常选用早期琴弦式等一般保温性能的温室。而高效节能型日光温室可更好地用于冬季生产。根据不同茬口对温度的要求，合理地选择不同的设施，有效地提高设施利用率，创造较高的生产效益是设施选择的最终目的。

2. 温室消毒

日光温室在春茬生产结束后，及时拉秧，将残根、落叶和杂草清出室外。利用定植前的空闲期，让雨水冲淋土层，可消灭地下害虫和排除土壤次生盐渍化的作用。还可利用夏季高温天气，对温室进行闷棚消毒。于 7 月中旬每亩施石灰 50 公斤，碎稻草 500 公斤，均匀撒在地上并翻入耕层内，起垄灌水，使田间土壤水分达到饱和状态，铺上地膜，密闭温室，持续 15～20 天，进行闷棚消毒。夏季高温闷棚消毒对克服连作障碍，防治土传病害有一定的效果。消毒完毕，揭开薄膜底角放风。此时温室上下放风口均要加设防虫网，防止害虫的侵染。

3. 培育壮苗

秋冬茬水果型黄瓜播期应比秋大棚水果型黄瓜播期晚 30～40 天，采收前期正好和秋大棚菜收后期相接。东北及内蒙古地区宜在 8 月上中旬播种，华北及西北地区宜在 8 月中下旬播种。秋冬茬黄瓜一般采用直播，但直播秧苗分散，不便于管理。苗的质量差，表现为苗的根少、苗弱，容易徒长。水果型黄瓜秋冬茬生产采用营养钵育苗，育苗场地要求能防雨、防虫、遮阴降温。可在网室中育苗，网室即通风又防虫，在网室纱网上加盖旧塑料薄膜可起到遮阳降温的作用，满足育苗的要求。也可在已消过毒，放风口加有防虫网的日光温室中育苗。为遮阴降温，在棚膜上加盖遮阳网。

育苗前将育苗场地整平、踏实、铺地膜，防止土传病害。播好种的营养钵整齐码放好，盖上地膜，保湿以利于出苗。出苗后，及时揭去地膜。育苗期间温度高，蒸发量大，必须满足水分的要求，不能控水，浇水要在早晨或傍晚进行。秋季育苗，重要在防虫，培育无虫苗是秋冬茬水果型黄瓜高产、高效的关键技术之一。苗龄一般在 25～30 天，不超过 3 片真叶为度。

4. 整地作畦

水果型黄瓜秋冬茬栽培每亩施腐熟的优质农家肥 4 000～5 000 公斤作底肥，将肥料均匀撒在地上，深翻土层 20～25 厘米，使土壤和粪肥混匀，打碎土块，耙平，起垄。垄高 10～15 厘米，宽 120 厘米，在垄台上开两条相距 60 厘米的定植沟。

5. 定植及密度

定植前，对温室再进行一次药物熏蒸消毒，将温室密闭，每 100 平方米用硫磺粉 150 克、敌百虫 500 克、锯末 500 克混合后分几处放在铁板上，铁板下燃烧炭火熏蒸温室。也可用 40% 百菌清烟剂 200～250 克均匀置于温室内，用暗火点燃发烟熏一夜。或用喷粉器喷撒 50% 百菌清粉尘剂，每亩每次 1 公斤，5～7 天后再喷 1 次。

日光温室水果型黄瓜秋冬茬栽培苗龄 25～30 天，幼苗二叶一心至三叶一心定植。大小行栽培，垄台上栽两行，小行相距 60 厘米，大行相距 120 厘米。株距 30～40 厘米，每亩栽苗 2 000 株左右。定植时最好选择在下午或阴天进行，把苗坨摆在定植沟内，覆土稳坨，沟内浇大水，过两天土壤干湿适度时封土。

6. 定植后温室田间管理

定植后 3～4 天浇缓苗水，表土半干半湿时松土。苗高 20～30 厘米高时吊蔓，1～5 节位不留瓜，此期间视墒情浇水，少浇勤浇。第一个瓜坐住后加大浇水量，并开始追肥。每亩追施硝酸铵 15～20 公斤，撒在垄沟里，然后在沟内浇水，水量要大，浇水后加强通风。

定植时外界气温还很高，温室的前底角薄膜揭开，顶部通风口及后墙通风口全部打开，关严防虫网，昼夜通风。避免温度过高，秧苗徒长，降低植株对病害的抵抗能力。温度白天 28～

30℃，夜间 13 ~ 15℃，阴天白天 20 ~ 22℃，只要外界气温不低于12℃就要昼夜通风。进入 10 月份，外界气温下降迅速，夜间放下底角棚膜，关闭通风口。10 月下旬夜间要放苫保温，11 月上旬以后，将底角棚膜埋严，减少放风次数，只放腰风和顶风，最后只放顶风。再之后，保温效果好的日光温室尚可进行生产，但需要增加多层覆盖保温设施。这茬黄瓜一般不加温，只靠保温延后生产。如有加温设施进行辅助加温，生产时间可适当延长。

7. 采收

采收时应注意观察植株的长势，植株上部没有坐住瓜，生长势强，采收后易造成植株徒长，采收应推迟几天；植株长势弱，可提前采收。一般结瓜前期，光照好、温度高、肥水充足，瓜码密，应勤采勤收。中后期温度低，日照弱，应减少采收次数。摘瓜一般在浇水后进行。

（七）高效节能型日光温室冬春茬
水果型黄瓜栽培

日光温室冬春茬水果型黄瓜栽培，一般在 9 月下旬至 10 月初播种，11 月上旬定植，春节前上市，一直到翌年 6 月底拉秧。幼苗期在初冬度过，初花期在严冬季节。1 月开始采收，采收期跨越冬、春、夏，达到 150 天以上。冬春茬水果型黄瓜栽培，有较长一段时间是在一年中光照最弱、日照时间最短、温度最低的季节里进行，技术难度较大，对环境调控技术要求较高，也是经济效益最高的一茬栽培。目前，水果型黄瓜冬春茬栽培面积逐年增加，供应期间在 12 月到翌年 5 月底，是水果型黄瓜周年供应中的最重要茬口，尤其是在春节前后，极受消费者欢迎。

1. 品种选择

日光温室冬春茬水果型黄瓜栽培，是在一年中气候条件相对较差的环境中进行，对品种耐寒、耐弱光性要求较严。要求品种耐低温弱光、长势较旺而不易徒长、分枝较少、抗病能力较强、全雌性杂交一代品种。目前，国外引进的水果型黄瓜品种无论是在耐低温弱光和抗病性上，还是瓜形外观商品质量上，均具有一定的优势。虽然一些国外品种种子价格较贵，但国外水果型黄瓜种子都是杂交一代种，生长势强，产量高，质量好，在市场上能卖到好价钱。从经济效益比较，用国外优良品种进行生产还是合算的。当前普遍采用的品种有从荷兰瑞克斯旺公司引进的一代杂交种"戴多星"等。

2. 设施选择

冬春茬水果型黄瓜栽培除一些科技园区、示范园区及公司采用大型现代化连栋温室外，主要生产设施是高效节能型日光温室。该温室结构设计科学合理，采光充足，保温性能好。随着结构不断改进，建筑材料不断优化，冬季生产喜温性蔬菜一般无需加温，取得了良好的栽培效果和较高的经济效益。考虑到冬春茬水果型黄瓜栽培要在严冬季节取得较高的产量，必须保证较高的生长温度，而北方冬季时有阴雪天气，在连续阴雪天气时，光照不足，白天温室内吸储的热量不够，夜间温度更低，将会影响水果型黄瓜的生长和产量。遇到极温天气，还会造成毁灭性的损失。为了避免特殊天气对生产造成的影响，高效节能型日光温室应备有辅助加温设施。

3. 培育壮苗

培育无病虫的壮苗是水果型黄瓜生产的关键环节。作为冬春茬水果型黄瓜生产，播种期在9月下旬至10月初，此时气温已趋凉爽。在此之前应将温室内枯枝败叶清除干净，利用夏季阳光进行高温闷棚消毒。夏季高温闷棚消毒除可以杀死温室内有害病虫，由于提早覆膜，还可以提高地温，有利于后期作物生长。闷棚后放风，放风口加防虫网。防虫网可有效阻隔害虫对幼苗的侵害，是培育无虫壮苗的有效技术措施。

冬春茬水果型黄瓜定植后，天气逐渐转凉，生长期要经历整个冬天，植株生长需要有强壮的根系，以提高抗寒、耐低温、耐盐碱及提高抗病能力。采用嫁接技术是达到上述目的的有效方法。冬春茬水果型黄瓜生产大多采用嫁接技术。

冬春茬水果型黄瓜一般在 9 月下旬至 10 月初播种，嫁接苗苗龄在 30 ~ 35 天定植，定植时幼苗三叶一心，株高 10 ~ 13 厘米，生长健壮，不徒长，子叶完好，茎粗壮，根系发达，无病虫害。

4. 定植及密度

定植前 15 ~ 20 天，每亩施腐熟优质有机肥 5 000 公斤，基肥撒施后，深翻土地 25 ~ 30 厘米，使土壤和肥料混合均匀，化肥可集中撒在定植沟内。搂平耙细，然后作畦。畦高 15 厘米，畦面宽 70 厘米，畦沟宽 60 厘米。在畦面正中开 10 厘米深的小沟，用来铺设滴灌软管。

定植期在 11 月上旬左右，苗龄约 30 天。定植时间选择在坏天气刚过，好天气刚开始的晴天上午。大小行栽培，南北方向在垄上开两行定植沟，沟间距 50 厘米，即从铺设滴灌软管的小沟正中向两边分 25 厘米。大小行栽培，大行距 80 厘米，小行距 50 厘米。将嫁接苗从育苗钵中磕出，按 30 ~ 40 厘米株距摆入定植沟中，株间点施磷酸二铵 50 公斤或三元复合肥 70 公斤。用土封沟。定植密度为每亩 2 000 株左右。定植后在 50 厘米小行上盖地膜，南北方向在每株秧苗处开纵口，将秧苗引出膜外。地膜最好采用银灰色地膜，起到避蚜虫作用。或黑色地膜，起到增温作用。定植后，采用塑料软管滴灌，以保证不降低地温。

5. 定植后温室田间管理

（1）定植后温度管理　定植后缓苗前，高温高湿条件有利于缓苗。应密闭保温，不通风。白天室温 28 ~ 30℃，夜间 15 ~ 18℃，地温在 15℃以上。缓苗后至结瓜期，白天室温 25 ~ 28℃，夜间 12 ~ 15℃，中午前后不要超过 30℃，中午可从温室顶部放风。下午降到 20℃时关闭放风口。天气不好时可采用短时放风，即从温室一头扒开放风口到另一头，然后按原顺序关闭放风口。一般 15℃时开始每天放草苫，前半夜保持 15℃以上，后半夜 11~12℃，早晨揭苫时温度在 8~10℃。进入结果期，应按作物光合作用运转规律进行变温管理。8~13 时，温度控制在 25~30℃，超过 30℃放风；13~17 时温度控制在 25~20℃；17~24 时，温度在 20~15℃；夜间 12 时至早晨 8 时温度在 15~12℃，夜间有短时间 5~8℃也不会发生冻害。阴雪天光照较差时，温度控制要略低于上述管理要求。为确保日光温室的适宜温度，满足水果型黄瓜生长需要，在连阴天及外界极端气温时要加以人工辅助加温。

2 月下旬，气温回升，此时要重视放风，一是增加室内二氧化碳浓度，二是调节室内温、湿度。此时室内白天温度上午28~30℃，夜间 13~16℃。当夜温稳定在 15℃以上时，晚间不再放苫，开始昼夜通风。

高效节能型日光温室主要通过辅助加温和放风来调控室内温度。

（2）定植后肥水管理　水果型黄瓜 1~5 节不留瓜，定植至坐瓜前，不追肥。当植株有 9~10 片叶，第一个瓜已坐住时，施用催瓜肥，浇催瓜水。每亩施三元复合肥 35 公斤，随后浇水。春节前每 20 天左右追肥 1 次，以有机肥和三元复合肥交替使用，施肥后浇水。在水分管理上，除追肥后浇水外，在深秋季节以控为主，减少空气湿度，采用塑料软管膜下滴灌。进入 2 月下旬，要适当增加肥水施用量，一般每 15 天施肥 1 次，三元复合肥 25 公斤和膨化鸡粪 300 公斤交替使用，施肥后浇水。

塑料软管膜下滴灌技术是高效节能型日光温室减少湿度的有效措施。冬季温室生产，外界气温低，不可能通过加大放风量来减少湿度。大水漫灌势必会降低地温，增加湿度。膜下滴灌是可控、少量、间隔供水灌溉，降低了因灌溉造成的湿度增加。

（3）光照管理　深冬季节，太阳光照强度和光照质量即使在晴天也比较弱和差，冬春茬水果型黄瓜生产，要加强光照管理。根据当地纬度高低，选择结构合理的高效节能型日光温室，合理的温室结构是保证充足光照的首要条件。温室的棚膜质量，对透过的光源量多少有重要的影响。高效节能型日光温室覆盖棚膜要选用质量好、透光率高的棚膜，如 PVC 无滴膜，乙烯—醋酸乙烯膜（EVA）等。北方冬季多风沙，时间一长，棚膜上落满尘土，影响透光率。可用细软物件，如苕帚、布条等绑在木杆上，由上往下清扫棚膜上尘土或杂物，3~4 天清扫 1 次，保持棚膜清洁，对提高透光率、增加光照有明显效果。

冬季温室生产，收放苫时间早晚直接影响光照。晴天，阳光照到温室面时揭开草苫，下午室温降到 20℃盖苫。深冬季节，草苫可适当晚揭早盖。一般雨雪天，在保证温度前提下，也应揭开草苫。大雪天气时，可在中午揭苫或随揭随盖。连阴天时可在午前揭苫，午后早盖。久阴乍晴时要间隔揭苫，以免由弱光一下到强光造成叶片灼伤。揭苫后若叶片发生萎蔫，应及时回苫，待叶片恢复正常时，再间隔揭苫。使用电动卷帘机减少收放苫时间，可增加光照。

考虑到冬季光质弱，设施栽培光照不足，应适度的稀植增加植株受光面积，定植株数不应超过 2 000 株。定植后，及时吊绳、引蔓，打杈和清除残叶、病叶，减少植株叶片间相互遮阴。光照不足时，光合作用减弱，呼吸作用加强，此时温度过高，增加植株养分的消耗，在连阴天时，应适当降低温度。由于日光温室北侧光照最弱，可在温室后墙张挂幅宽 2 米的聚酯镀铝膜反光幕。反光幕可使正射进来的光反射回去，使反光幕前 3 米内光照强度增加 10%~40%。有条件时，也可在种植行间铺设反光膜，将光向上反射。这些措施均可有效地增加光照强度。

（4）植株调整　定植后立即用塑料绳吊蔓，植株成"S"形绑蔓，当龙头超过 1.5~1.7 米时，采用落蔓使龙头始终离地面 1.5~1.7 米高。5 节以下不留瓜。整个生长期内要及时去除卷须、侧枝及老叶。每株功能叶保持在 12 ~ 15 片。深冬时节，对瓜码过密的品种，可适当疏掉部分幼瓜或雌花。每节只留 1 个瓜。

（5）二氧化碳施肥　在寒冷季节，出于保温节能的目的，一般仅在中午时分才通风，甚至阴雪天不通风，从而使室内二氧化碳的含量不足。二氧化碳亏缺最严重的时刻一般在每天揭苫后、放风前，此时植物见光后开始进行光合作用，大量消耗室内二氧化碳，但又不能通风换气，所以二氧化碳含量急剧下降。据测定，到揭苫后 2 小时，二氧化碳降至 0.01% 以下（正常0.03%）。此时如果二氧化碳气体得不到及时补偿，将严重影响黄瓜的光合作用，从而影响植株的生长发育，导致产量降低。即便是温暖季节全天放风，空气中二氧化碳浓度也才有 0.03% 左右，这与黄瓜生长所需适宜二氧化碳浓度 0.08% ~ 0.12% 的需求也相去甚远。因此，在日光温室中栽培黄瓜人工补充二氧化碳是十分必要的。考虑增产效果和经济原因，一般二氧化碳达到0.07% ~ 0.08% 即可。应用二氧化碳气体施肥增加温室内二氧化碳浓度，可明显的增加产品产量。

6. 采收

采收是植株调整的一个手段，当温度低，光照弱时，应适当减少采收次数。进入春季后，温度高、光照好、肥水充足，应勤采收，盛瓜期每天采收。采收应在早晨进行，采收时不要碰伤瓜秧，最好用剪刀从瓜把处把瓜剪下来，采下的瓜分级放在容器或包装箱内。

（八）水果型黄瓜有机生态型无土栽培

我国水果型黄瓜最早从荷兰引进，在荷兰，保护地栽培设施是大型玻璃连栋温室，水果型黄瓜栽培方式主要是营养液岩棉基质栽培。目前我国一些大型玻璃连栋温室生产水果型黄瓜也有采用营养液岩棉基质栽培，但面积很少。作为水果型黄瓜无土栽培，采用最多的是有机生态型无土栽培。

1. 有机生态型无土栽培的特点

有机生态型无土栽培技术是指不用天然土壤，而使用基质，不用传统的营养液灌溉植物根系，而使用有机固态肥并直接用清水灌溉作物的一种无土栽培技术。因而有机生态型无土栽培技术仍具有一般无土栽培的特点，如：提高作物的产量与品质、减少农药用量、产品洁净卫生、节水节肥省工、利用非可耕地生产蔬菜等等。此外它还具有如下特有的特点：

（1）用有机固态肥取代传统的营养液　传统无土栽培是以各种无机化肥配制成一定浓度的营养液，以供作物吸收利用。有机生态型无土栽培则是以各种有机肥或无机肥的固体形态直接混施于基质中，作为供应栽培作物所需营养的基础，在作物的整个生长期中，可隔几天分若干次将固态肥直接追施于基质表面，以保持养分的供应强度。

（2）操作管理简单　传统无土栽培的营养液，需维持各种营养元素的一定浓度及各种元素间的平衡，尤其是要注意微量元素的有效性。有机生态型无土栽培因采用基质栽培及施用有机肥，不仅各种营养元素齐全，其中微量元素更是供应有余，因此在管理上主要着重考虑氮、磷、钾三要素的供应总量及其平衡状况，大大地简化了操作管理过程。

（3）大幅度降低无土栽培设施系统的一次性投资　由于有机生态型无土栽培不使用营养液，从而可全部取消配制营养液所需的设备、测试系统、定时器、循环泵等设施。

（4）大量节省生产费用　有机生态型无土栽培主要施用消毒有机肥，与使用营养液相比，其肥料成本降低60%～80%。从而大大节省无土栽培的生产成本。

（5）对环境无污染　在无土栽培的条件下，灌溉过程中20%左右的水或营养液排到系统外是正常现象，但排出液中盐浓度过高，则会污染环境。有机生态型无土栽培系统排出液中硝酸盐的含量只有每升 1～4 毫克，对环境无污染，而岩棉栽培系统排出液中硝酸盐的含量高达每升 212 毫克，对地下水有严重污染。由此可见，应用有机生态型无土栽培方法生产蔬菜，不但产品洁净卫生，而且对环境也无污染。

（6）可达"绿色食品"的施肥标准　从栽培基质到所施用的肥料，均以有机物质为主，所用有机肥经过一定加工处理（如利用高温和嫌氧发酵等）后，在其分解释放养分过程中，不会出现过多的有害无机盐，使用的少量无机化肥，不包括硝态氮肥，在栽培过程中也没有其他有害化学物质的污染，从而可使产品达到"A 级或 AA 级绿色食品"标准。

2. 水果型黄瓜有机生态型无土栽培设施

水果型黄瓜采用有机生态型无土栽培，可以避免因日光温室多年连作造成的土传病害及土壤盐渍化问题。黄瓜在连茬种植时，极易发生猝倒病、枯萎病及根结线虫等病虫危害，严重时，以至不能进行正常生产。日光温室是一个封闭环境，长时间施用化肥，势必造成土壤的盐渍化。有机生态型无土栽培基质可根据情况定期更换，很好地克服了这些问题。由于病虫害发生少，相应减少了农药的施用，使产品更清洁、无污染，符合无公害食品的要求。

有机生态型无土栽培生产水果型黄瓜可根据作物不同生长时期特点，提供最适宜的养分、水分，既节约了用水用肥，又满足了植株生长的合理需要。在生产中，更多地使用有机肥，使产品品质更为优良。

（1）配套设施　有机生态型无土栽培可以在玻璃日光温室、节能型日光温室，甚至塑料大棚中采用。出于对投资效益的考虑，对保护设施的高度要求适当高一些、设施环境最好有一定的调控能力。另外，必须有充足的水源，如能有自来水源供给，最为方便。否则，应配置水位差 1～1.5 米的贮水池。基于上述要求，有机生态型无土栽培目前主要在玻璃日光温室和节能型日光温室中采用。

（2）**栽培系统**　有机生态无土栽培必须有栽培槽，灌溉系统，栽培基质、肥料等设施和材料。

①栽培槽：可用红砖、塑料板、水泥板等建造，标准为高15～20厘米，内径宽48厘米，槽距80厘米，目前应用较为广泛的是在温室地面上直接用红砖垒成栽培槽，而不用水泥砌。为了降低生产成本，各地也可就地取材，采用木板条、竹竿、铁丝等制成栽培槽，总的要求是在作物栽培过程中能把基质维持在槽内，而不撒到槽外。为了防止渗漏并使基质与土壤隔离，在槽的基部铺1～2层塑料薄膜。

水果型黄瓜通常每槽种植2行，以便于整枝、绑蔓和收获等田间操作。槽宽一般为48厘米（内径宽度），深度以15厘米，南北向，长度比温室跨度短80～90厘米。由于日光温室跨度小，栽培槽比较短，不考虑槽的长度坡降。如果在大型温室，槽的长度较长，则栽培槽地面坡降为0.4%。

②灌溉系统：每槽内铺设滴灌带2条，其他供水管道可用金属和塑料制品，与有机生态型无土栽培系统相匹配的滴灌系统采用滴灌软管，滴灌带可用1年左右，价格便宜，使用方便，更换也容易。

③栽培基质：常用的槽培基质有沙、蛭石、锯末、珍珠岩、草炭与蛭石混合物、草炭与炉渣混合物，以及草炭或蛭石与沙的混合物。少量的基质可用人工混合，如果基质很多，最好采用机械混合。一般在基质混合之时，应加一定量的肥料作为基肥。一般每立方米基质掺入膨化鸡粪10公斤，三元复合肥2公斤。

常用的机制配比有：草炭：炉渣＝4：6，草炭：珍珠岩：沙＝1：1：1，草炭：珍珠岩＝3：1等。

混合后的基质不宜久放，应立即装槽或装袋使用。因为久放，一些有效营养成分会流失，基质的 pH 值和电导度也会有所变化。

基质准备好以后，即可装入槽中，布设滴灌管。

3. 水果型黄瓜有机生态型无土栽培特点

水果型黄瓜有机生态型无土栽培在茬口安排、种子处理、育苗、定植及栽培管理等操作，基本上和日光温室栽培相同，可参照日光温室水果型黄瓜栽培技术要求去做。这里仅对无土栽培特点作一介绍。

第一，一定采用无土育苗，育苗容器可用育苗钵或 72 孔穴盘育苗，先将基质浇透水，再将催芽后的种子播入上述容器内，覆上一层蛭石，浇水后盖上薄膜保温保湿，白天保持 25～30℃，夜间 15～20℃，当 50% 以上的幼苗拱土时，及时去除薄膜。当幼苗出土后，进入苗期管理阶段。

第二，有机生态型无土栽培系统本身就是从着重创造优良的根际环境条件这方面考虑的，栽培槽中的基质配制，能满足根系最佳生长需要。槽内基质中温度高于土层温度，疏松、通透的根际环境极有利于根系的生长。在一个良好的人造"土壤"环境中，完全可以满足水果型黄瓜各种茬口的生长要求；由于采用无土栽培，基质定期更换，不存在土传病害问题，生产中一般不用嫁接苗，完全可以用自根苗进行生产。

第三，水果型黄瓜无土栽培由于生长环境良好，水肥供给充足、合理，植株生长势强，生长周期较长，单株生长量大，每平方米栽培 2～2.5 株为宜。每个标准栽培槽种植两行，两行植株相互交错，同行植株株距为 30～40 厘米，槽间距 80 厘米，亩栽株数控制在 2 000 株左右。定植时选择好壮苗，把定植处地膜扎破，露坨浅植，使幼苗基质坨与栽培槽基质畦面取平。定植后对每株黄瓜浇一次定植水，采用膜下软管滴灌，待缓苗后进入正常生产管理。

第四，日光温室水果型黄瓜栽培中空气湿度控制比较困难，采用无土栽培膜下滴灌方式，问题就可以得到较好的解决。膜下滴灌是定时、少量、均衡、受控给水，滴灌软管上盖有塑料薄膜，灌溉水完全渗入到基质中，基质湿度，完全可以由管理者根据需要掌握，不会加大空气湿度。

第五，追肥应严格按照规范化操作，定植后20天内不必追肥，只浇清水。20天后，每7天施1次肥，施在地膜下距黄瓜根部5厘米地方，每株每次约20克，基本上全部使用有机肥，以固体肥料施入，如膨化鸡粪，灌溉时只浇清水。

第六，长季节黄瓜可采用伞型整枝的方法。从茎基部至生长线采用单干，6~8节开始留果，根据长势和产出高峰期安排每节留1果或每两节留1果。

（九）水果型黄瓜施肥原则、施肥标准

1. 合理施肥在水果型黄瓜生产中的意义

土壤肥力是土壤的基本特性，是作物生产中太阳能转化为化学能的基础，它来自自然肥力和人工肥力，即有机肥料和化学合成肥料。施肥，尤其施用有机肥，能增加土壤有机质的含量，改善土壤结构，调节土壤pH值，保持作物生长和土壤中微生物活动的适宜环境。土壤改良及土壤肥力的提高，为作物生长创造了良好的环境。

施肥可以平衡和改良作物生长所必需的营养物质的供应状况，增加作物的抗逆能力。例如，充足的磷、钾肥营养，有利于作物大量贮存矿物质、糖分和可溶性蛋白质，提高和促进细胞的渗透作用，降低对霜冷的敏感性。又如增施腐殖酸肥，能通过调节气孔的关闭，减缓作物体内的水分蒸腾。合理的施肥，使植株生长健壮，增强作物的抗病能力，从而减少农药的使用量，达到无公害要求。

合理的施肥，尤其是施有机肥，可提高水果型黄瓜的品质，增加适口性。正确使用微量元素，可保证作物正常生长，并增加产品中的微量元素的含量，保证人体微量元素的需要。

2. 水果型黄瓜栽培有机肥的使用

根据水果型黄瓜栽培的生产操作规程及产品质量要求，生产中通过施肥能促进作物生长，提高产品品质和产量，有利于改良土壤和提高土壤肥力，不造成对作物和环境的污染，保证可持续发展。施肥原则是：创造一个农业生态系统良性养分循环条件，充分地开发和利用本地区域有机肥源，合理循环使用有机物质，充分利用作物秸秆等残余物、动物的粪尿，厩肥及土壤中有益微生物进行养分转化，不断增加土壤中有机质的含量，提高土壤肥力。根据气候、土壤条件，作物不同生长时期，正确选用肥料种类、确定施肥时间、施肥量和施肥方法。做到测土施肥、视作物生长状况施肥。增施有机肥，辅助施用适量的化学肥料。

（1）有机肥使用准则

第一，禁止使用城市垃圾和污泥、医院的粪便垃圾和含有害物（如病原微生物、重金属）的城市垃圾。

第二，人畜禽粪尿使用前必须经过无害化处理，如高温发酵，以杀灭各种寄生虫卵和病原菌、杂草种子，去除有害的有机酸及有害气体，达到无害化卫生标准。

第三，有机肥原则上就地生产就地使用。商品化有机肥、有机复混肥、叶面肥、微生物肥必须有认证机构的颁证认可方可出售和使用。

第四，所施肥料应按对环境和产品不造成不良后果的方法使用，同时应截断一切因施肥而携入的重金属和有机、无机污染物的污染源。

（2）可使用的有机肥

畜禽粪尿（经无害化处理）、绿肥（野生绿肥植物、秸秆腐熟）、腐殖酸肥、饼肥（包括麻渣）、沼液和沼渣。

微生物肥料如根瘤菌肥、固氮菌肥料、磷细菌肥料、硝酸盐细菌肥料、复合微生物肥料。

半有机肥料（有机复合肥）：加入适量的微量元素制成的有机肥。

叶面肥料：用天然有机物提取液或接种有益菌类的发酵液，再配加一些腐殖酸、氨基酸等配制的肥料。

不含有毒物质的工业有机副产品，以骨粉、骨酸废渣、氨基酸残渣、家畜、家禽加工废料、糖厂废料等制成的肥料。

（3）有机肥料无害化处理　有机物必须经过处理，使其充分腐熟、分解，达到无害化要求后方能使用。处理方法一般可分为家庭堆制法和工厂化处理法两种。

①有机肥料家庭堆腐法：将人、畜粪尿风干至含水量30%～40%，取稻草、玉米秆、青草等物，切成1～1.5厘米长碎片。在水泥地上铺成长6米，宽1.5米，厚0.3米的肥堆。在肥堆上均匀、少量撒上一层米糠或麦麸，然后洒配制好的EM稀释液（EM是一种好氧和嫌氧有益微生物群，主要由光合细菌、放线菌、酵母菌、乳酸菌组成，EM稀释液农资部门有售）。按同样方法，上面再铺第二层，每一堆肥料约铺3～5层后，上面盖好塑料薄膜使发酵。当肥料堆内温度升到45～50℃时翻动1次，一般要翻动3～4次。堆制时间夏天7～15天，春天15～25天，冬日要更长。如没有EM稀释液，也可照上述方法进行堆制，只是腐熟时间要适当延长。

②有机肥料的工厂化处理：对于大型畜牧和家禽场，因粪便较多，可采用工厂化无害处理。粪便集中后放在处理池中，进行脱水处理，使含水量降到20%～30%。通入蒸汽进行消毒，温度80～100℃，时间30分钟，杀死全部虫卵、杂草种子及有害病菌。采用化学药剂除臭，加磷矿粉、白云石等进行造粒，烘干。现已有隧道式烘干机用于膨化鸡粪生产。

③有机肥的施用方式及施用量：有机肥主要用于基肥。除提供氮、磷、钾及微量元素外，更重要是改良土壤结构，增加土壤的有机质含量。施用方法一般是在定植前施放，施放时要与土壤

拌均匀，施放在 20~30 厘米深土层，在均施基础上，种植行重点施放，提高利用率。按照土壤肥力标准，达到中等肥力以上的土壤，每亩施有机肥约 5 000 公斤。

3. 水果型黄瓜栽培化肥的使用

（1）化肥种类　生产常用的化学肥料有氮肥、磷肥、钾肥、复合肥等（表6）。

表6　主要化肥有效含量

化肥种类		名称	分子式	有效含量	副作用
氮肥	铵态氮	硫酸铵	$(NH_4)_2SO_4$	20%~21%(N)	增加土壤酸性 H^+
		氯化铵	NH_4Cl	24%~25%(N)	形成 $CaCl_2$
		碳酸氢铵	NH_4HCO_3	15%~17%(N)	不适用于保护地
	硝态氮	硝酸铵	NH_4NO_3	33%~35%(N)	易爆炸
		硝酸钙	$Ca(NO_3)_2$	13%(N)	
				25%~27%(Ca)	
	酰胺态氮	尿素	$CO(NH_2)_2$	46%(N)	
磷肥	水溶性磷肥	过磷酸钙		12%(P_2O_5)	
钾肥		硫酸钾	K_2SO_4	50%~52%(K_2O)	
		氯化钾	KCl	50%~60%(K_2O)	

（2）化肥施放原则　施用化学肥料是水果型黄瓜生产不可缺少的增产措施。水果型黄瓜在不同生长时期所需化肥的种类不同，所需化肥的的量也不同。幼苗期需氮肥较多，但不能过量，否则营养生长过旺，造成苗期徒长，影响后期长势。进入结果期，营养生长和生殖生长同时进行，需要充足的养料供给，以保证发育的平衡。此时，对磷肥的需要量加大，对氮肥的需要相对减少。钾肥是水果型黄瓜生长中吸收量较多的营养元素，北方土壤中相对缺少钾，生产中应重视钾肥的使用，做到测土施肥，目标施肥。在保证充足的有机肥作基肥基础上，合理施用化肥，根据不同生长期的需要量，平衡施肥，重点突出。

化肥多作追肥，根据化肥不同性质可采用沟施、穴施、随水施加等施肥方法。氮肥要早施、深施。早施，有利于植株早发秧；深施，可以减少氮素的挥发，延长供肥时间，提高氮肥利用率。一般铵态肥施入 6 厘米以下土层，尿素施入 10 厘米以下土层。磷、钾肥对增强作物抗逆性有明显作用，在施足有机肥的基础上，增施磷、钾肥。过量施用氮肥，会增加水果型黄瓜产品中的硝酸盐含量。生产中，每亩施用氮肥总量以纯氮计，不应超过 20 公斤。尽量少用硝态氮，施用氮肥时加入硝化抑制剂硝酸芘能有效降低硝酸盐在产品中的含量。

（3）水果型黄瓜生产化肥施用量　水果型黄瓜生产中施用多少化肥，要根据土壤肥力情况、基肥施用量、植株长势、目标产量等多种因素而定。以 3 年以上日光温室，以施基肥 5 000 公斤，目标产量 5 000 ~ 6 000 公斤计，化肥施用参考量为：开花结果期，冬季每 3 ~ 4 周施 1 次肥，每次尿素 3 ~ 5 公斤，磷酸二铵 3 ~ 5 公斤，氯化钾 2 ~ 3 公斤，或三元复合肥 10 ~ 15 公斤。春季每 2 ~ 3 周施 1 次肥。施肥量大致和冬季相同。

六、水果型黄瓜主要病虫害
防治技术

黄瓜病虫害种类很多，特别是保护地黄瓜生产连作重茬，致使病害越发严重，成为黄瓜生产中的主要障碍。水果型黄瓜是黄瓜中的一种，在生产中具有同样的问题。但作为一种特菜栽培，更要求其具有较高的商品品质和卫生安全品质，在生产中必须加强病虫害的防治工作。水果型黄瓜病虫害的防治应以防为主，以治为辅，采用综合防治的措施。即在生产中采用各种先进的农业生产措施，利用各种先进的科学手段，创造有利于作物生长发育的条件，以提高其抗病性或抗虫性，或使其避免病虫的为害，另一方面创造不利于病原、害虫生长发育、繁殖、传播的条件，使病原物不能完成其侵染循环，或中断其侵染循环，制止病虫的发生和蔓延。即从菜田生态系统的总体观念出发，本着安全、有效、经济、简便的原则，有机地协调使用农业、物理、生物和化学的配套技术措施，达到高产、优质、无污染的生产目的。

（一）水果型黄瓜病虫害的农业防治

农业防治，也叫栽培防治，是指在栽培生产过程中，通过采用优良品种、清洁栽培土壤、培育优质壮苗、合理施肥浇水、科学调控环境、及时调整植株、合理轮作、倒茬和改进栽培技术等措施，提高蔬菜作物自身的抗病能力，达到减轻和完全抵抗病虫害侵染的目的。这些栽培措施贯穿于生产的全过程，虽然操作比较费时、费工，但只要认真实施、方法得当，就会收到明显的成效，对病虫害的防治起到很好的效果。

1. 选用抗病品种

水果型黄瓜品种类型很多，生产水果型黄瓜时，首先要把品种的抗病性放到首位。根据栽培季节的不同及当地病虫害发生的规律，选择抗寒、耐热、生长势强，抗霜霉病、白粉病、枯萎病、黑星病、病毒病的品种。如申绿耐弱光和低温，较抗霜霉病、白粉病，戴多星抗黄瓜花叶病病毒、叶脉黄纹病毒病和白粉病，M. K160 耐低温弱光，抗白粉病，抗黑星病能力强。

2. 清洁田园

前茬作物的残株、败叶等往往是病虫的传播媒介，特别是前茬为黄瓜，或其他瓜类作物，具有相同的病虫害，所以整地前一定要进行认真的清理田园。提倡采用基质育苗，防止土传病害。此外，温室、大棚等还可在高温季节密闭棚室进行高温消毒，杀灭棚室内病原菌。如能结合烟雾剂熏杀，效果更好。把架材、农具等放置到室内，每亩用硫磺粉 1 公斤、敌敌畏 0.5 公斤、锯末 3.5 公斤混合点燃，密闭棚室熏蒸 12~24 小时。此外，病虫害严重地区还可把翻耕过的土壤喷灌多菌灵、瑞毒霉、甲基托布津、硫酸铜等药剂后，地面立即用薄膜全部覆盖，利用高温和药剂进行土壤消毒 1 周。

3. 种子消毒处理

很多真菌性病害和病毒可由种子带菌带毒而传播，对进口的种子，应根据国家植物检疫法规、规章，严格执行检疫制度。防止带有黄瓜黑星病、美洲斑潜蝇等危害的种子进入我国。在生产中，播种前进行种子消毒，能够减轻或抑制病害发生。如利用 55℃ 的温水进行温汤浸种 10 分钟，待水温降至 30℃ 左右，浸泡几个小时。可杀死种子上病菌。利用 1% 高锰酸钾、10% 磷酸三钠等溶液浸种，或在 70℃ 烘箱中进行种子（必须是充分晒干，含水量 <10% 的干种子）高温干热消毒等。但种子消毒需要规范操作，保证种子安全健康发芽。

4. 培育无病虫壮苗

无病壮苗是水果型黄瓜生产的基础。因此，从播种育苗开始就要重视。不同的栽培季节和栽培茬口，应采用不同的育苗方式和苗期管理技术，如采取护根育苗、大小苗分级、剔除弱苗病苗、扩大营养面积、早春防止低温高湿、定植前低温锻炼、夏秋季采用防虫网、遮阳网，及时防病治虫等都是培育壮苗必不可少的技术措施。

5. 实行轮作倒茬

合理的轮作换茬不仅能调节土壤肥力，而且可有效地抑制土传性病害和其他多种病害。如黄瓜立枯病、枯萎病等病菌在土壤中存活时间长达数年，细菌性角斑病、炭疽病等病菌也可通过土壤传播，所以应避免与瓜类作物的连作，提倡与大葱、大蒜、洋葱和韭菜等葱蒜类作物轮作，可减轻土壤中病原菌及线虫的危害，有效减轻水果型黄瓜病害发生。

6. 调控室内温、湿度

温室、大棚栽培，病虫害的发生和蔓延与温度、湿度关系很大，如低温高湿很易导致黄瓜霜霉病的发生，不适当的温湿度也可造成化瓜和畸形果的发生，所以必须创造适宜的温、湿度环境条件，当某种病害蔓延时，要在用药的同时，针对该病害的发病条件，调整温、湿度管理，可明显地抑制病害的蔓延。如黄瓜霜霉病，当病情发展迅猛、药物防治难以控制时，多采用高温闷杀。选择晴天中午封闭棚室，使黄瓜生长点部位温度迅速升至到 $40 \sim 45℃$，保温 2 小时，可有效地控制霜霉病的传播和发展。

7. 采用嫁接栽培

嫁接栽培是利用抗病性强、适应性广的野生或半野生品种作为砧木，与高产优质的品种进行嫁接，防治土壤传染性病害和提高抗逆性的栽培技术。目前水果型黄瓜温室生产中嫁接栽培已经普遍利用。

8. 无土栽培

采用有机生态型无土栽培是克服连作障碍和土传病害的有效措施。

（二）水果型黄瓜病虫害物理防治方法

物理方法防治病虫害，可减少农药使用量，不污染环境和产品。在蔬菜生产中应用较多的方法有以下几种。

1. 阻隔防范

在温室、大棚等通风口和出入口，或整幢温室上覆盖防虫网，对减轻虫害和由昆虫传播的病害有很好的作用。夏秋茬育苗时，全部用防虫网覆盖苗床，防虫、减病效果特别显著。用防虫网或遮阳网覆盖前必须彻底清除棚室内的害虫，而且要求覆盖严密、无孔洞、无缝隙。

2. 黄板诱杀

利用蚜虫、白粉虱等趋黄习性，设置黄板诱杀。可自行制作带有黏着能力的黄板（或黄盘、黄条等），悬挂于温室、大棚放风口、走道和行间，诱杀蚜虫、白粉虱等小型害虫。其制作方法简单，将木版、塑料板或硬纸箱板等材料涂成黄色后，再涂一层黄油或 10 号机油即可，高度比植株稍高，太高或太低效果均较差。为保证黄板的黏着性，需 1 周左右重新涂 1 次黄油或 10 号机油。

3. 灯光诱杀

许多夜间活动的昆虫都有趋光性，可采用灯光诱杀。使用较多的有蓝光灯、白炽灯、双色灯等。目前效果较好、推广使用量较大的为频振式杀虫灯。该灯安全、可靠，使用方便、诱杀害虫效果明显。

4. 驱避

银灰色反光膜有驱避蚜虫的作用。银灰色反光膜反光率大于35%，反射光中带有红外线光，可驱避蚜虫。可采用铺盖银灰色地膜、在棚室放风口处或种植行道间悬挂银灰色膜条的办法，驱避迁飞蚜虫，对降低蚜虫虫口密度和减轻病毒病有一定的效果。

（三）水果型黄瓜病虫害生物防治方法

生物防治就是利用有益生物或微生物及其制剂防治作物上的病虫害。从防治病虫的原理角度，可分为利用天敌昆虫杀虫、弱病毒疫苗接种预防、细菌或病毒治虫和使用生物菌剂（农用抗菌素）防治病虫等几方面。

目前用于水果型黄瓜病虫害生物防治的主要方法有利用天敌昆虫杀虫、农用抗生素和植物源农药等。采用生物防治可以取代部分农药，减少农药的使用量，不造成产品和环境的污染，是一种极有发展前途的防治手段。

1. 利用天敌昆虫杀虫

利用天敌昆虫杀虫，是一种以虫治虫的有效方法。天敌即自然界中天然存在的能抑制害虫生存繁衍的生物，广义的概念，包括昆虫（寄生性及捕食性昆虫）、螨类（外寄生螨及捕食性螨）、蜘蛛、蛙类、蜥蜴，鸟类以及微生物天敌资源（昆虫病原细菌、病毒、真菌、线虫及微孢子虫等）。至于人类大量繁殖和释放的天敌昆虫和螨类已达150种以上，在一些害虫的防治上满足了生产者要求达到的目的。

水果型黄瓜生产中利用的寄生性昆虫天敌种类较多，如赤眼蜂，用于防治黄瓜棉铃虫、丽蚜小蜂用于防治温室白粉虱、浆角蚜小蜂用于防治银叶粉虱（烟粉虱生物型 B）和蚜茧蜂用于防治蚜虫等。其中以丽蚜小蜂防治温室白粉虱最为成功。丽蚜小蜂是一种孤雌生殖的寄生蜂，成虫需取食粉虱分泌的蜜露或粉虱若虫体液作补充营养，雌蜂喜好在粉虱若虫上产卵寄生，成为粉虱的天敌。丽蚜小蜂的应用，应在粉虱发生初期，每株黄瓜粉虱数不超过 0.5 头时释放一定量的成蜂。丽蚜小蜂防治白粉虱是粉虱综合防治措施之一，是建立在"清洁温室"定植"无虫苗"的基础上，加以诱杀黄板、昆虫生长调节剂（如扑虱灵）、植物源农药（如印楝素）的使用，是相关措施配合下的一种有效的方法。我国 1978 年从英国引进丽蚜小蜂后，已研究出多种繁殖、应用的途径。目前，市场已有商品丽蚜小蜂出售，商品丽蚜小蜂做成尚未羽化出蜂的"蜂卡"，每张蜂卡粘有 1 000 头未羽化的小蜂，可供 30～50 平方米温室防治白粉虱使用。

水果型黄瓜生产中利用的扑食性昆虫天敌有食蚜瘿蚊，瘿蚊幼虫以吸食若蚜体液将蚜虫杀死，捕食性草蛉以捕食蚜虫、粉虱、叶螨为生，捕食性瓢虫是蚜虫、粉虱等害虫的重要天敌。中国农业科学院生物防治研究所已批量饲养繁殖中华通草蛉并用于生产。草蛉投放量按益害比 1：15～20 或每株 3～5 头草蛉，隔周 1 次，共释放 2～4 次。投放时间以清晨为宜，用毛笔将其均匀涂到植株上。应用的关键是掌握释放的时间必须是植株上的害虫（蚜、螨、粉虱）有一定数量时进行，如果害虫太少或无虫，草蛉因无食料而无法生存，释放过晚，害虫虫口量过大，草蛉则难以控制。

2. 农用抗生素

农用抗生素是微生物的代谢产物，一般由发酵生产获得，可用于防治作物的病虫害。农用抗生素是一种化学物质，依其防治作用可分为农用抗菌素和农用杀虫抗生素两大类。在管理上将其列入化学农药范畴。水果型黄瓜生产中常用的农用抗生素见表 7。

表 7　水果型黄瓜生产中常用的农用抗生素

	名称	施用浓度	作用	毒性	间隔期（天）
农用抗菌素	农抗 120	200 倍液喷雾	黄瓜疫病		1~2
		200 倍液灌根	黄瓜枯萎病、炭疽病	低毒	
	多抗霉素	75~100 倍液	黄瓜白粉病、霜霉病 黄瓜疫病	低毒	7~9
	武夷菌素	100~150 倍液	黄瓜白粉病、灰霉病 黄瓜叶霉病		
	井岗霉素 15% 粉剂	1 000 倍液	黄瓜立枯病	低毒	2~3
农用杀虫抗生素	阿维菌素	1 000~8 000 倍液	附线螨、斑潜蝇、黄条跳甲	高毒	绿色食品禁用
	浏阳霉素 10% 乳油	45~75 克/公顷	叶螨、蚜虫	低毒	

3. 植物源农药

植物源农药是指从植物中提取的对害虫能起到抑制作用而对人类无害，不污染环境的特异性物质，这些"特异性"包括拒食性，阻碍生长发育，抑制蜕皮，抑制蛹发育和羽化，不育作用以及趋避产卵等。新的植物源农药开发，不同于以前，从植物中寻找有触杀或胃毒作用的物质，将有毒杀作用的植物次生物质提取物作杀虫剂的旧概念。可用于水果型黄瓜生产的植物源农药见表 8。

表 8　生产中常用的植物源农药

名称	作用	剂型	毒性
印楝素	可用于已对有机磷、氨基甲酸酯、拟除虫菊酯类产生抗药性的重要蔬菜害虫，如烟粉虱等	0.3% 印楝素乳油 1% 印楝素提液 2% 印楝素甲醇提取液	毒性可忽略（EP-AIV）
川楝素	蚜虫	0.5% 川楝素乳油	低毒
苦皮藤素	二十八星瓢虫、猿叶甲、黄守瓜棉铃虫、黏虫	0.23% 苦皮藤素乳油 0.15% 苦皮藤素乳油	低毒
苦参碱	黏虫、蚜虫	3% 苦参碱水剂 1.1% 苦参碱粉剂	低毒

曾经在生产中使用过的烟碱、藜芦碱由于毒性大，造成人、畜不安全性，现已不再作为商品杀虫剂。

鱼藤酮小白鼠试验，发现有类似老年性痴呆的症状。已引起注意。现有关部门尚未禁止使用，但作为无公害蔬菜生产，应慎重对待。

（四）病虫害化学药物防治原则

1. 病虫害化学药物防治用药有关法规

中华人民共和国国务院 1997 年发布了《农药管理条例》。其中第二十六条规定："使用农药应当遵守国家有关农药安全、合理使用，按照规定的用药量、用药次数、用药方法和安全间期施药，防止污染农副产品。剧毒、高毒农药不得用于蔬菜、瓜果、茶叶和中草药材。"第三十七条规定："禁止销售农药残留量超过标准的农副产品。"第三十九条第（四）款规定："不按国家有关农药安全标准使用规定农药的，根据所造成的危害后果，给予警告、可以判处三万元以下的罚款。构成犯罪的，依法追究刑事责任。"

2. 国家严禁使用的农药

2002 年 5 月 24 日公布的《中华人民共和国农业部公告第 199 号》中规定：

国家命令禁止使用的农药有：六六六（HCH）、滴滴涕（DDT）、毒杀芬、二溴氯丙烷、杀虫脒、二溴乙烷、除草醚、艾氏剂、狄氏剂、汞制剂、砷、铅类、敌枯双、氟乙酰胺、甘氟、毒鼠强、氟乙酸钠、毒鼠硅。

在蔬菜、果树、茶叶、中草药材上不得使用和限制使用的农药有：甲胺磷、甲基对硫磷、对硫磷、久效磷、磷胺、甲拌磷、甲基异硫磷、特丁硫磷、甲基硫环磷、治螟磷、内吸磷、克百威、涕灭威、灭线磷、硫环磷、蝇毒磷、地虫硫磷、氯唑磷、苯线磷等 19 种高毒农药不得用于蔬菜、果树、茶叶、中药材上。三氯杀螨醇、氰戊菊酯不得用于茶树上。

任何农药产品都不得超出农药登记批准的使用范围。

3. 病虫害化学药物防治用药原则

化学农药使用控制是建立在"以防为主，以治为辅"的基础上，采用综合防治手段，确保无公害化。

使用化学农药时，要根据防治对象选择合适的农药，做到"对症下药"，有的放矢。

要根据病虫害发生情况发布预测预报和防治指标，掌握正确的施药时机，不可盲目施药。

根据《农药合理使用准则》GB/T8321。1-6 中规定的施药量（或浓度）和施药次数施药，不得任意提高施药量（或浓度）和增加施药次数。

按规定的次数施药后还需防治时，应更换其他适用的农药品种，不应一种农药反复多次使用。

安全间隔期是与蔬菜产品中农药残留量关系最大的因素，在确定施药时间时，一定要推算最后一次施药距采收的间隔天数，绝对不得少于标准中规定的安全间隔期。

在一种作物整个生长期内，应尽量交替使用不同类型的农药防治病、虫、草害，这样不但可以提高防治效果、防止农药残留量超标，还可避免、延缓产生抗性。

（五）黄瓜常见病虫害的防治

1. 猝倒病

猝倒病是黄瓜苗期主要病害之一。俗称棉腐病、卡脖子病。发病时幼苗成片死亡。

（1）为害症状　猝倒病是冬春季育苗经常发生的病害。病苗基部初呈水浸状，有黄褐色病斑，迅速扩展后病斑缢缩呈线状。子叶青绿时幼苗便倒伏在地面。发病后迅速扩展，最后病苗腐烂后干枯。

（2）发病规律　由瓜果腐霉菌侵染所致。以卵孢子和菌丝体在土壤中的病残体上越冬，可长期存活。条件适宜时，病菌借雨水、灌溉水、农具、种子传播。

（3）防治方法　采用加强苗期管理为主，药剂防治为辅的综合防治措施。

第一，种子消毒、营养土消毒，营养钵育苗，育苗床上铺地膜，隔绝苗钵与地面接触。

第二，苗期气温控制在 20～30℃，苗钵内土温在 16℃ 以上。适量通风，增加光照。

第三，发病初期可用 25% 甲霜灵可湿性粉剂 800 倍液；或 75% 百菌清可湿性粉剂 600 倍液；或 40% 乙磷铝可湿性粉剂 200 倍液；或 72.2% 普力克水剂 400 倍液；或 15% 恶霉灵水剂 450 倍液喷药。

2. 立枯病

（1）为害症状　多在幼苗出土后一段时间内发病。最初在病苗茎基部产生椭圆形暗褐色病斑，病斑逐渐凹陷，扩展后绕茎一周，造成病部收缩、干枯。幼苗初期呈萎蔫状，之后枯死。

（2）发病规律　立枯病是一种土传病害，传播途径同猝倒病。发病适宜温度 24℃，高温高湿有利于发病和蔓延。

（3）防治方法　同猝倒病。

3. 霜霉病

黄瓜霜霉病又称"黑毛病"或"跑马干"。全国各地均有发生，日光温室中最常发生，一旦发生若不及时防治，病情发展迅速，短时间就能蔓延到所有的叶子，植株很快枯死，严重时甚至绝收。

（1）为害症状　幼苗子叶感病，正面产生不规则褪绿枯黄斑，潮湿时叶背产生灰黑色霉层，病情进一步发展时，子叶很快变黄干枯。成株期发病，多从中、下部叶片开始向上蔓延，发病初期叶片呈水浸状病斑，以后逐渐扩大，由黄色变成淡褐色。因受叶脉限制形成多角形或四方形病斑。潮湿时叶片背面病斑处密生灰黑色霉层，严重时病斑连片，全叶变黄干枯，除顶端新叶外，全株大部分叶片枯死，病田一片枯黄，瓜条瘦小，劣质，最终导致绝产。

（2）发病规律　霜霉病是由真菌引起的。北方黄瓜霜霉病是从温室传到大棚、小拱棚，又传到春季露地黄瓜上，再传到秋季露地黄瓜上，最后传到温室黄瓜上。所以霜霉病终年不断发生。发生时菌丝体先在黄瓜叶细胞间生长发育，吸收黄瓜叶细胞内的养分，以无性繁殖产生的孢子囊，通过气流或雨水传播。孢子囊传到另一黄瓜叶子上后，若空气湿度较大，便在叶面的水滴或水膜中产生芽管侵入黄瓜叶内。若湿度不足、温度较高，孢子可直接生成芽管，侵入黄瓜叶内。霜霉病的发生与流行和温度、湿度有很大关系。其中湿度起主要作用，高湿度是发病的前提，空气相对湿度85%以上最适于孢子囊的形成、萌发和侵染。因病菌萌发和侵染时叶片上必须有水滴或水膜。如果空气相对湿度在50%～60%以下，病菌不能产生孢子囊，温度在16℃时即开始发病，最长达6小时病菌孢子就可萌发侵入叶内。气温低于15℃或高于30℃不易发病，42℃以上停止活动并导致死亡。

（3）防治方法　创造一个有利于黄瓜生长，不利于霜霉病发生发展的条件，在不用药剂的情况下，通过控制生态环境达到减轻和控制病害的目的。目前各地采用的生态防治方法有棚室覆盖采用无滴膜；在温室后墙张挂反光幕；采用膜下软管滴灌等技术。

及时放风，也是预防黄瓜霜霉病的有效办法。黄瓜定植初期室外温度较高时，每天早晨放风1小时，达到排湿的目的；冬春季室温低，室内相对湿度高，虽然放风不利黄瓜生长，但也应趁晴天中午，打开放风口短时间放风排湿；2月中旬以后外界气温上升，可通过增加放风次数调节室内温度、湿度，控制霜霉病的发生和发展。方法是：早晨先放风 0.5 ~ 1 小时，让湿气排出，然后闭棚。上午将温度提高到 28 ~ 30℃，有利于黄瓜的同化作用，可抑制霜霉病的发生。但不宜超过 35℃，超过则需放风。下午放风温度降到 20 ~ 25℃，湿度降到 60% ~ 70%，通过低湿控制霜霉病的发生，当温度降到 18℃时关棚；傍晚再次放风 2 ~ 3 小时然后闭棚。这样可以减少黄瓜夜间吐水。如果夜间最低温度达 12℃以上时，可以整夜放风。阴天、雨天也要放风；另外灌水后也要科学放风，方法是：选晴天（不要阴天灌水，严禁雨天灌水）上午灌水，灌后马上关闭温室，使室温提高到 32℃，维持 1 小时，然后放风排湿，经过 3 ~ 4 小时室温降至 25℃时再密闭温室，提温后再次放风，即可获得较好效果。

增加植株叶片营养，对防治黄瓜霜霉病有一定的作用。一些研究表明，发病叶片往往体内氮糖比失调。温室黄瓜采收期长，生长中后期长势弱，营养不足，植株体内的汁液氮糖含量下降，霜霉病容易发生。此时可采用叶面喷施氮糖液补充营养。白糖、尿素、米醋、水的比例为 1 : 0.5 : 1.5 : 100，隔 5 天一次，连喷 4 ~ 5 次，防治效果可达 90% 以上。若同时加入 90% 的疫霜灵或 58% 的瑞毒锰锌，效果更好。一般在下午 3 ~ 4 时喷雾，喷在叶背面效果好。

高温闷棚，可有效地抑制黄瓜霜霉病。当霜霉病来势凶猛，药剂不能控制时，可用高温闷棚的方法杀死病菌。所谓高温闷棚控制黄瓜霜霉病，就是利用霜霉病原分生孢子在 30℃以上时活动缓慢，43℃以上停止活动并逐渐死亡的原理，把日光温室、塑料大棚密闭，形成高温来达到杀死病菌的目的。具体方法：在闷棚的前一天，给黄瓜浇一次大水，同时喷打一次防止霜霉病的杀菌剂，次日上午（必须是晴天），关闭温室门窗，使室温升到 44 ~ 45℃。为了掌握室温，通常在温室前、中、后部各挂一支温度计，高度与黄瓜生长点相同。每隔 15 分钟观察一次，当温度达到43℃时，开始计时，持续2小时，此间温度不能低于42℃，也不能高于48℃。低了效果不明显，高了黄瓜易受灼烧。同时注意观察植株表现，当室温达45～46℃时，生长点以下3～4片叶上卷，生长点斜向一侧，这是正常表现。若超过45℃时，不宜采用开口放风的方法来降温，可适当间隔放草帘遮阴保持所需的温度。时间达到后再多点放风，徐徐降温。第一次闷棚后的4天左右还需重复一次，这是由于高温闷棚多杀死分散在叶子表面的孢子，而侵入叶子里的孢子往往得以生存下来，潜伏2～4天后又会产生新的孢子，继续扩散。高温闷棚后，若病斑呈黄干枯，边缘整齐，周围鲜嫩色，病斑背面霉层干枯或消失，说明效果好；若病斑周围呈不规则黄绿色，叶背面霉层新鲜呈灰色，说明效果不好，查明原因后，迅速采取有效措施。

使用药剂防治可选有下述方法：

①熏烟：温室黄瓜可采用百菌清烟剂防治。在未发生前用40%百菌清烟剂，温室每亩用药200～250克，傍晚闭棚后熏烟，次日早晨通风。每隔7天熏烟1次，连续6～8次，省工、省力、效果好。

②喷粉：用5%百菌清粉尘或5%防霉灵粉尘剂进行喷粉。喷粉不但成本低，方法简便，而且冬季不放风也不增加室内湿度。方法是：每亩温室用药0.75～1公斤，用喷粉器喷粉。从温室尽头开始，站立在温室北边人行道上，平举喷雾管，每次5～10分钟即可喷完。喷粉要在早晨或傍晚进行。喷粉时密闭棚室，3小时后可通风。一般5～6次，每次间隔7～8天。粉型药剂不但防治效果好，而且加少量微肥，还有促进生长，防止衰老的作用。

③喷雾：发病初期可喷75%百菌清600～800倍液，或58%瑞毒霉锰锌500倍液。各种农药交替使用，可防止产生抗药性，提高防治效果。

使用上述药剂效果不好时，可用特效药剂72%克露湿性粉剂600~800倍液、或72.2%普力克水溶剂1 000倍液，轮换喷打，每隔5~7天1次，连喷2~3次，可有效控制霜霉病的流行。

4. 白粉病

黄瓜白粉病又称"白毛"，无论保护地还是露地的黄瓜均有发病，也是黄瓜的主要病害之一。

此病主要危害叶片，其次是叶柄和茎，果实一般不受害。

（1）为害症状　发病初期叶面和叶背产生近圆形小斑点，以叶面为多。环境适宜时，粉斑迅速扩大，连接成片，好似覆盖一层白粉。叶柄与茎上的症状与叶片相似，但白粉较少。后期白粉变为灰白色，叶片枯黄、卷缩，一般不脱落，严重时植株枯死。

（2）发病规律　白粉病病原菌为子囊菌亚门白粉属中的两种真菌。白粉病是由秋季大棚黄瓜传到温室，再由温室传到露地、秋大棚，最后又传回温室。由气流传播。由于此病菌繁殖极快，所以病害流行，蔓延迅速。白粉病在10~25℃均可发生，适温16~24℃。但取决于湿度条件。在温室中湿度大、空气不流通，白粉病易流行。此外，管理粗放，施肥、灌水不当，尤其是偏施氮肥过多的地块，植株徒长，枝叶过密，通风不良，湿度大，易发病。

（3）防治方法

生物防治：使用抗生素防治黄瓜白粉病效果很好，如农抗120或Bo-10等。很多地区使用这两种药效果均在90%以上。农抗120和Bo-10两种药剂均为100万单位（200倍液），发病初期喷洒，每7天1次，能有效地控制病情发生发展。

农业防治：加强管理，培育壮苗，增强抗病力。温室内注意通风透光，降低温度。加强水肥管理，防止植株徒长和早衰等。

化学防治：定植前先用硫磺粉或百菌清烟雾剂消毒，每亩温室用硫磺粉300克，锯末500克，盛于花盆内，分放室内数处。或用45%百菌清烟雾剂每亩250克于傍晚密闭温室点燃熏蒸一夜；发病初期用25%粉锈宁可湿性粉剂2 000～3 000倍液喷打、或40%多硫胶悬剂800倍液喷打，均有良效。另外用小苏打500倍液喷洒也有一定预防效果。

5. 细菌性角斑病

该病主要危害叶片，也能为害茎蔓和果，严重时叶片干枯，果实腐烂，大量减产。

（1）**为害症状**　幼苗子叶初为水浸状，浅绿色，近圆形凹陷斑，后变为淡褐色枯黄透明斑。真叶发病初期叶面上出现油浸样小斑点，并逐渐扩大，因受叶脉限制形成多角形黄褐斑。潮湿时叶片背面病斑处有乳白色菌脓，干燥时呈白色粉末状。最后病斑容易开裂或穿孔。茎蔓发病，初为水浸状小圆点，后变为淡褐色，形成溃疡或裂口，表面溢出乳白色菌脓，病斑可向果肉扩展，沿维管束的果肉逐渐变成褐色，并可侵染到种子。严重时瓜条腐烂，有臭味。

（2）**发病规律**　黄瓜角斑病是由细菌性侵害引起的。病原菌在种子上或随病残体留在土壤中越冬。种子上所带的病菌在种子萌发时侵染子叶，而后通过溅水、农事操作、昆虫传播再侵染。残留在土壤中的病菌通过溅水侵染叶片、茎蔓或瓜条。低温、高湿是此病发生的主要条件。发病和流行的适温是22～24℃，相对湿度为70%以上。在日平均气温12℃以下，湿度越大发病越重。

（3）**防治方法**　农业防治可选用抗病品种，高垄覆盖地膜栽培，降低空气湿度，生长期间或收获后及时清除病叶、病株并深埋。生态防治可参照防治霜霉病的措施来进行。药剂防治，发现病害用30%DT杀菌剂500倍液或农用链霉素200毫克/公斤或新植霉素150～200毫克/公斤喷洒。如果霜霉病和细菌性角斑病同时发生时，可用58%瑞毒霉可湿性粉剂500倍液，或60%琥-乙磷铝可湿性粉剂500倍液，每隔6～7天喷1次，连喷3～4次，可兼治两种病害。

6. 炭疽病

黄瓜炭疽病在保护地生产中尤为普遍，常造成叶片提早干枯，损失很大。炭疽病在各个生育期均能发生，而以生长中后期发病较重。

（1）为害症状 幼苗发病子叶边缘出现褐色半圆形或圆形病斑。幼茎受害，基部缢缩、变色，幼苗猝倒。成株期叶片受害，在叶面上先产生黄褐色近圆形病斑，病斑外围有一层黄晕。叶片上病斑多时往往会呈不规则形的大斑块，使叶片枯死。叶片上病斑中部破裂穿孔，潮湿时病斑上长出黄色黏质物。茎蔓受害，病斑长圆形，凹陷，初呈水浸状、黄色、病斑扩大，造成茎蔓枯死。幼瓜不易发病，多在种瓜上发生。病斑初呈淡绿色，很快变为黑褐色，并凹陷，病斑中部有黑色小点，潮湿时病斑上溢出粉红色黏稠物，干燥时病斑逐渐干裂并露出果肉。

（2）发病规律 黄瓜炭疽病菌属于半知菌亚门刺盘孢属的一种真菌。病菌主要以菌丝体或拟菌核在种子上或病株上越冬，越冬后的病菌生产大量的分生孢子，成为初期侵染源，病菌主要借风、雨、昆虫传播。其发生发展与温度、湿度密切相关。发病温度 10~30℃，适温 20~24℃，湿度达 95% 时发病。另外，地势低洼、排水不良、灌水过多、通风不良的温室发病重。

（3）防治方法 一是采用农业防治，实行 3 年以上轮作，增施磷、钾肥，增强植株抗性；二是生态防治，及时通风排湿，把温室的相对湿度降低到 70% 以下；三是及时用药，在种子消毒、苗床消毒、土壤消毒的基础上，发病时期先用生物制剂农抗 –120，100 毫克/公斤喷打。再用 80% 炭疽福多美可湿性粉剂，或 70% 甲基托布津 500 倍液，或 50% 多菌灵 600 倍液，5~7 天 1 次，连续喷 4~5 次，几种农药交替使用。

7. 疫病

黄瓜疫病为害茎、叶及果实，在黄瓜的整个生育期都能发生为害。

（1）**为害症状** 幼苗期发病，多从嫩尖发生，初为暗绿色水浸状萎蔫，最后干枯成秃尖状。叶片上产生圆形或不规则形暗绿色水浸状病斑，边缘不明显，扩展很快。湿度大时腐烂，干燥时易破碎。茎基部也易感病，造成幼苗死亡；成株期感病，主要在茎节部产生暗绿色水浸状病斑，病部显著缢缩，患部以上的叶片全部萎蔫。一株往往有几处受害，最后全株萎蔫死亡。维管束不变色，叶片症状同苗期。瓜条受害，多从花蒂部发生，初为水浸状暗绿色近圆形凹陷病斑，逐渐缢缩，潮湿时表面生有白色稀疏霉状物，迅速腐烂，发出腥臭味。

（2）**发病规律** 黄瓜疫病是由鞭毛菌亚门疫霉属真菌引起的。病菌在土壤或基肥中越冬，靠灌水、气流传播。室内湿度高是发病的主要因素，其次是温度，发病的温度范围是 9～37℃，最适温度 25～30℃，在适温范围内，湿度越大发病率越高。

（3）**防治方法** 轮作倒茬，垄作覆盖地膜。种子消毒可用40%甲醛100倍液浸种30分钟、或25%的瑞毒霉600倍液浸种30分钟，捞出晾干冲洗，再浸入清水中4小时后催芽播种。发病初期用72%克露可湿性粉剂600～800倍液防治效果好。嫁接换根也是有效途径之一。

8. 蔓枯病

黄瓜蔓枯病可危害叶片、瓜蔓、茎和卷须。

（1）**为害症状** 叶上病斑近圆形，有的病斑自叶缘向内发展呈 V 字形或半圆形大斑，淡褐色至黄褐色。病斑上生有许多小黑点；茎蔓受害，在近节部呈现油渍状斑，椭圆形或菱形，灰白色，稍凹陷，有时分泌出琥珀色胶状质物。干燥后病部干缩纵裂，表面散生大量小黑点。

（2）**发病规律** 黄瓜蔓枯病由子囊菌亚门甜瓜球腔属真菌。通过气流、灌水、农事操作、昆虫等进行传播。温室黄瓜因种植过密、浇水过多、通风不良、偏施氮肥、重茬种植等发病较重。

（3）**防治方法** 主要靠轮作倒茬，清洁田园，种子消毒，增施有机肥，培育适龄壮苗，加强管理，减少病害的发生。发现病害立即喷打 70% 甲基托布津 500 倍液、或 50% 百菌清可湿性粉剂，连续 2～3 次。

9. 枯萎病

黄瓜枯萎病又称蔓割病、萎蔫病、死秧病，是黄瓜重要病害之一。黄瓜从幼苗到成株期均可发病，但以结瓜期发病最多。

（1）为害症状　幼苗期发病，幼茎部黄褐色并收缩，子叶萎蔫，发生猝倒死亡。土壤潮湿时，根茎部产生白色绒毛状物；成株期发病，白天叶片萎蔫，中午前后尤为明显，发病初期早晚尚可恢复正常，数日后不能恢复，全株枯死。叶片枯褐色，一般在茎上不脱落，茎基部呈粉红色霉层，切开根茎部导管变色，这是区别其他病害的最大特征。

（2）发病规律　黄瓜枯萎病病菌为半知菌亚门镰刀属中的尖镰孢菌，病菌可在土壤、粪肥和病残体上越冬。病菌生活力很强，能在土中存活 5～6 年。病菌即使通过牲畜的消化道照样存活。病菌从根部侵入，在导管内发育，影响水分运输。还分泌毒素，堵塞导管，引起植株萎蔫。病菌在 8～34℃ 间均能生存，在 pH 值 4.6～6.0 的土壤中发病较重，湿度大发病重。另外，连作地、低洼地、施氮肥过多，均利于发病。

（3）防治方法　主要靠轮作倒茬，培育适龄壮苗，加强管理，防止根系损伤，减少病害的发生。也可用农抗 120 生物制剂 200 倍液灌根，或 10% 双效灵 200 倍液灌根和喷打。最有效的方法是嫁接换根。

10. 黑星病

黄瓜黑星病又称疮痂病。主要危害瓜条，也能为害叶片和茎蔓、龙头等部位。

（1）为害症状　瓜条被害初期呈暗绿色圆形至椭圆形凹陷病斑，病斑处溢出透明胶状物，不久便成琥珀色，中央凹陷，龟裂呈疮痂状，病部生长因受到抑制而使瓜条生长失去平衡，变得粗细不均，弯曲畸形。湿度大时，病斑上生有灰黑色霉层。叶片被害，开始出现近圆形病斑，直径约 1~2 毫米，淡黄褐色。后期病斑呈星状开裂。茎蔓被害，初呈水渍状圆形病斑，以后凹陷龟裂呈黄褐色，分泌出琥珀色胶状物，潮湿时长出黑色霉层。龙头被害，整个生长点萎蔫、发褐色，2~3 天龙头烂掉，形成秃顶。

（2）发病规律　黄瓜黑星病属于半知菌亚门枝孢属真菌。病菌可以在土壤、架材和种子上越冬。主要以气流、农事操作进行传播。该病的发生与环境条件有密切关系，气温在 9~30℃ 之间均可发病，适温为 20~22℃，相对湿度在 90% 以上最易发病。

（3）防治方法　主要是选择无病种子，控制温室空气湿度。在播种前进行种子消毒，用 25% 多菌灵 300 倍液浸种 1~2 小时，清洗后清水浸种 4 小时，催芽。也可用种子重量 0.3% 的 50% 多菌灵可湿性粉剂拌种。发病初期及时喷药防治，药剂可选用克星丹 500 倍液与 50% 甲霜灵 800 倍液。喷时注意嫩茎、生长点附近要均匀喷到。每隔 5~7 天 1 次，连续 3~4 次即可。

11. 灰霉病

黄瓜灰霉病主要危害黄瓜的花和幼瓜，也危害叶与茎。

（1）为害症状　灰霉病病菌先侵染开败的花，长出灰色霉层后，再侵入瓜条，造成脐部腐烂。被害幼瓜迅速变软、萎缩、腐烂，病部表面生有灰褐色霉层。叶片被害，一般由落在叶面的病花引起，产生大型枯斑，近圆形至不整齐形，边缘明显，表面生有少量灰霉。烂花或烂瓜附着在茎上时能引起茎腐烂，严重时植株下部数节腐烂使蔓折断，整株死亡。

（2）发病规律　灰霉病是由半知菌亚门灰葡萄孢真菌引起的。病菌是以菌丝、分生孢子或菌核的形式遗留在土壤中或附着在病残植物体上越冬。主要借气流、雨水、农事操作传播，光照不足、温度低、湿度大是灰霉病发生的重要条件。温室冬季生产气温低，不能放风，湿度偏高，光照不足，早春连续阴天，最易感此病，一般元月份开始发病，2～4月高峰，5月份后气温上升，随着放夜风，病害逐渐减轻。

（3）防治方法

农业防治：及时清洁田园，深翻土壤将病残体翻入底层，减少室内初侵染源。发病时及时摘除病花、病瓜、病叶，带出室外深埋或烧毁。

生态控制：及时清除棚面尘土，增强光照，加强通风换气，适量浇水，切忌在阴天浇水，防止湿度过高，注意保温防寒。

药剂防治：发病前用速克灵烟剂熏蒸，每隔6天1次。发病初期用50%速克灵或50%扑海因1 500倍液喷打，或25%克霉灵可湿性粉剂600倍液喷打。每6～7天1次，连喷3～4次。也可用Bo-10，150～200倍液连续喷打2～3次，结合放风，效果很好。

12. 菌核病

从苗期至成株期均可发生菌核病。其为害部位主要是瓜条、茎，其次是叶片。

（1）**为害症状** 幼苗期发病在近地面幼茎基部出现水浸状病斑，很快绕茎一周，造成环腐，幼苗猝倒。成株期瓜条被害，先是瓜尖部形成水浸状病斑、软腐，随后病斑部长满棉絮状白霉，最后在发病部位长出灰黑色菌核。茎蔓发病一般是在距地面20～30厘米处，初始在发病处出现水浸状淡绿色小病斑，随病情发展，病斑可达10～13厘米，病部变褐色腐烂，表面长满白色霉状物，而后在髓部形成鼠屎状的黑色菌核，病茎以上的叶蔓枯死。叶片发病，多由发病残花掉落在上面引起感染，在叶片上形成大块褐色斑，重时叶片腐烂。

（2）**发病规律** 黄瓜菌核病是由子囊菌亚门核盘属真菌引起的。病菌以菌核随病残体在土壤中越冬，也可随种子传播。菌核遇适合条件即可萌发，出土后形成子囊盘，子囊盘成熟后放出大量子囊孢子，进行传播蔓延。菌丝生长适温20℃左右，菌核萌发适温为15℃，相对湿度85%以上，并需要有紫外线条件。

（3）防治方法 防治菌核病必须采取预防为主，综合防治的措施，种子消毒、清洁田园、深翻灌水、地膜覆盖、加强管理、及时放风、把温室的湿度控制在80%以下可避免发病。发现病株可及时喷洒40%菌核净1 000倍液；或50%速克灵，或50%多菌灵50倍液进行防治，每隔14天1次，一般3次即可。

13. 花叶病毒病

（1）为害症状 苗期发病表现为子叶变黄枯萎，幼叶略显深浅不一的花叶斑块。成株发病时节间缩小，叶片缩小，表面起微弱的皱褶，或呈深浅绿色相间的花叶，或疱斑花叶，或植株下部叶片逐渐黄化枯死。瓜条发病，果面表现为深浅绿色相间的斑块，果面凹凸不平或畸形。

（2）发病规律 该病为黄瓜花叶病毒所致。病毒主要在多年生的植物上越冬，靠蚜虫传播，高温干旱有利于发病。

（3）防治方法 清洁田园，彻底铲除棚室周边杂草。防虫网防蚜虫，培育无虫壮苗。发病初期喷20%病毒A或38%抗病毒1号可湿性粉剂60～700倍液；或强力杀病毒王乳剂250～300倍液；或50%强力克病毒乳剂或克病神乳剂500～700倍液。6～7天喷1次，连喷4～5次。

14. 瓜蚜

瓜蚜又称棉蚜，俗称腻虫、蜜虫等。属同翅目蚜科。

（1）为害症状 瓜蚜以成蚜和若蚜群在叶背面和嫩茎上用刺吸式口器吸食汁液，使叶片皱缩，生长缓慢，严重时卷曲成团、停止生长，甚至萎蔫死亡。此外，瓜蚜还排泄蜜露，在叶子上造成一层煤污状污染，阻碍正常光合生理作用并能引起病菌寄生，不但产量降低，而且品质也受到影响。

（2）防治方法 清除田间杂草等寄主，消灭越冬虫卵。利用蚜虫天敌，如食蚜瘿蚊、食蚜蝇、七星瓢虫等防蚜，也可用黄板诱蚜或用银灰色膜避蚜。药物防治可用10%杀蚜烟雾剂每亩

400 克进行熏蒸，7~8 天熏 1 次，连熏 2~3 次。也可用 20% 速灭杀丁 2 000~3 000 倍液，或 10% 蚜虫一遍净 6 000 倍液，或 10% 吡虫灵可湿性粉剂 2 500 倍液，或 20% 灭扫利乳油 2 000 倍液喷洒。隔 5~6 天喷 1 次，连喷 3~4 次。喷药时，要注意集中喷叶背和嫩茎、嫩尖处，注意及早防治。严禁使用呋喃丹、避蚜雾、抗蚜威、灭多威、久效磷、一六〇五、乐果等氨基甲酸酯类和有机磷类剧毒农药。

15. 白粉虱

白粉虱又称小白蛾，是保护地黄瓜主要虫害之一。

（1）**危害症状**　成虫和若虫群集于黄瓜嫩叶背面吸取汁液，并在叶面上分泌蜜露，引发霉污病，降低光合能力，造成黄瓜减产。白粉虱还可传播病毒病。

（2）**发生规律**　在北方冬季室外白粉虱不能存活，在温室内越冬为害。21~30 天繁殖一代，繁殖适温 16~22℃，一年发生 10 余代。冬季温室作物上的白粉虱是露地蔬菜的虫源，露地和温室生产紧密衔接，白粉虱可周年发生。

（3）**防治方法**　放风口张挂防虫网，防止田间粉虱飞进棚室，棚室内悬挂黄板诱杀。当植株上有少量白粉虱时，按白粉虱成虫与寄生蜂 1：2~4 的比例投放丽蚜小峰，每隔 7~10 天投放 1 次，共放峰 3 次。或释放草蛉防治。白粉虱成虫密度较低时（每株 2.5 头），药物防治可用 25% 扑虱灵可湿性粉剂 2 000 倍液喷雾；密度较高时（每株 5~10 头），可用 1 000 倍液喷雾，每株成虫密度超过 10 头时，可用 25% 扑虱灵可湿性粉剂 1 000 倍液喷雾加少量氰戊菊酯混用，早期喷 1~2 次，均可控制白粉虱发生为害。也可每亩用蚜虱一熏净烟剂或蚜虱克烟剂 300~400 克于傍晚闭棚熏烟 7~8 天熏一次，连熏 2~3 次。

16. 美洲斑潜蝇

（1）**为害症状**　美洲斑潜蝇常与线斑潜蝇、瓜斑潜蝇混合为害多种蔬菜作物。雌虫把叶片刺伤，吸食汁液和产卵，幼虫潜入叶片和叶柄，产生不规则的蛇形白色虫道，破坏叶绿素，影响光合作用，造成减产。

（2）**发生规律** 美洲斑潜蝇以蛹和成虫在蔬菜残体上越冬，棚室内可周年危害。每世代夏季 2～4 周，冬季 6～8 周。幼虫最适活动温度为 25～30℃，超过 35℃时，成虫和幼虫活动受到抑制，降雨和高温对蛹发育不利。春秋季节虫害发生严重。

（3）**防治方法** 美洲斑潜蝇是世界性检疫性虫害，我国 1994 年首次在海南发现，之后迅速蔓延。检疫部门应严格检疫，禁止从疫区引种。秋季发生严重地区，温室改种韭菜、甘蓝、菠菜等非寄主蔬菜，第二年春季再种黄瓜。灌水深耕、高温闷棚、黄板诱杀均对防治美洲斑潜蝇有效。生物防治可在棚室内释放潜蝇姬小蜂、反颚茧蜂等天敌。农药防治可选用 1.8% 爱福丁或 1.8% 虫螨克乳油 2 000～3 000 倍液、6% 绿浪水剂 1 000 倍液喷雾。也可用 48% 乐斯本乳油 1 000 倍液，或 10% 氯氰菊酯 2 000～3 000 倍液喷雾。冬春季 7～8 天 1 次，夏季 4～5 天 1 次，连喷 4～5 次。

17. 根结线虫

（1）**为害症状** 发病初期，叶片发黄，中午时叶片有些萎蔫。病重时叶片萎蔫、枯死。植株根上形成许多根结，使根失去功能。

（2）**发生规律** 北方根结线虫不能在露地越冬，线虫在温室中可随病根残体，在土壤中越冬，可周年为害温室生产。根结线虫多分布在 20 厘米深的土层内，繁殖极为迅速，靠病土、病苗及灌溉水传播。

（3）**防治方法** 生产上采用轮作，冬季温室休耕，土壤消毒，无土育苗，无土栽培等方法，均对防止根结线虫有效。发现病株，及时拔除，并将病株周边土壤清除。80% 敌敌畏乳油 1 000 倍液，或 90% 敌百虫晶体 800 倍液灌根对病株有效。

附录 1

黄瓜病虫害综合
防治简表

1. 猝倒病

俗称	发病条件	农业及物理防治	生物防治	化学防治
绵腐病卡脖子病	1. 苗期自身养分用完，新根新叶未长出时遇阴雨天 2. 土壤、植株上存在病原菌 3. 温度 15~16℃ 4. 湿度过高	1. 育苗床土消毒 2. 育苗床上铺塑料膜阻隔 3. 种子消毒 4. 营养钵营养土育苗 5. 放风排湿 6. 温度≥17℃ 7. 发现病株及时清除	多抗霉素 150 倍液灌根	1. 25%甲霜灵可湿性粉剂 600~800 倍液 2. 80%乙磷铝可湿性粉剂 400 倍液 上述药液间隔 8 天喷一次，连续 2~3 次 3. 55%多效瑞毒霉可湿性粉剂 350 倍液灌根

2. 立枯病

俗称	发病条件	农业及物理防治	生物防治	化学防治
烧根病死苗病	1. 育苗中期或中后期幼苗过密 2. 土传病害 3. 温度过高易发病发病适温24℃	1. 育苗床土消毒 2. 种子处理 3. 加强苗床通风排湿 4. 防止苗床温度过高	2%武夷霉素100~150 倍液喷淋	1. 20%甲基利克菌乳油 1 200 倍液 2. 30%甲基托布津悬浮液 600 倍液间隔 7~8 天喷 1 次，连续喷 2 次

3. 霜霉病

俗称	发病条件	农业及物理防治	生物防治	化学防治
北方称跑马干、黑毛病；南方称瘟病、痧斑	1. 植株上存有病原体； 2. 种植密度过大，通风不良； 3. 发病温度15~20℃	1. 选用抗病品种 2. 清洁田园，清除枯萎枝叶 3. 调节温湿度，加强通风，采用膜下滴灌 4. 适度稀植 5. 高温闷棚	1. 20%农抗120 200倍液间隔5天喷1次，连喷2~3次	1. 每亩用5%百菌清粉剂1公斤喷洒 2. 45%百菌清烟剂200~250克熏 3. 25%甲霜灵可湿性粉剂500倍液 4. 70%乙磷铝锰锌可湿性粉剂400倍液 5. 40%瑞毒素增效可湿性粉剂500倍液 6. 72.2%普力克水剂600~800倍液 7. 72%克露可湿性粉剂600~800倍液 上述药剂6~7天喷1次，连续喷2次，可交替使用

4. 白粉病

俗称	发病条件	农业及物理防治	生物防治	化学防治
白毛	1. 田间或植株存在病原菌 2. 发病温度15~30℃ 3. 空气相对湿度大于85%	1. 选用抗病品种 2. 清洁田园 3. 加强通风、除湿 4. 适度稀植 5. 京2B乳剂50倍液喷在叶子上，形成分子膜	1. 1%武夷霉素水剂100~150倍液 2. 2%小苏打500倍液在发病初期喷在病叶上	1. 45%百菌清烟雾剂200~300克/亩，熏烟 2. 15%粉锈宁可湿性粉剂1 500倍液 3. 70%甲基托布津800~1 000倍液 4. 5%加瑞农粉尘剂1公斤/亩，机喷

5. 细菌性角斑病

发病条件	农业及物理防治	生物防治	化学防治
1. 细菌性病害。病菌存在种子病残体或土壤中 2. 发病温度24～28℃ 3. 昼夜温差大，湿度大	1. 选用抗病品种 2. 种子消毒 3. 清洁田园 4. 加强通风、降低湿度	1. 将种子用新植霉素300倍液或100万单位硫酸链霉素500倍液浸泡2小时后浸种、催芽 2. 72%农用链霉素3 000～4 000倍液	1. 77%可杀得可湿性微颗粒剂600～700倍液 2. 5%加瑞农粉尘剂1公斤/亩，机喷

6. 黄瓜炭疽病

发病条件	农业及物理防治	生物防治	化学防治
1. 病菌随植物病残体，在土壤中越冬 2. 高温、高湿 3. 重茬地块 4. 通风不好	1. 选用抗病品种 2. 种子消毒 3. 轮作 4. 土壤消毒 5. 高畦地膜覆盖	1. 2%武夷霉素水剂150～200倍液，间隔7天喷一次，连喷2～3次	1. 50%多菌灵可湿性粉剂500～700倍液 2. 45%百菌清烟雾剂300克/亩，熏烟 3. 6.5%甲霜灵超微粉尘剂机喷或8%炭疽粉尘剂1公斤/亩，机喷

7. 疫病

俗称	发病条件	农业及物理防治	生物防治	化学防治
秃头、死秧、卡脖病	1. 土壤传染 2. 发病适温28～30℃ 3. 重茬 4. 浇水过大，排水不良 5. 高温多雨季节	1. 选用抗病品种 2. 种子消毒 3. 土壤消毒 4. 高畦地膜覆盖 5. 软管膜下滴灌	1. 在黄瓜茎基部裹生物膜（美国CAN产品），防止病菌侵入	1. 72.2%普力克600～800倍液 2. 72%克露可湿性粉剂700倍液 3. 25%甲霜灵700倍液

8. 蔓枯病

发病条件	农业及物理防治	生物防治	化学防治
1. 土壤传染 2. 发病适温 18～25℃ 3. 空气湿度大于85%时易发病 4. 连作 5. 过密、通风不良	1. 与非瓜类作物轮作 2. 种子消毒 3. 棚室消毒 4. 高畦地膜覆盖 5. 合理密植、通风排湿		1. 45%百菌清烟雾剂 250 克/亩密闭熏烟 2. 6.5%甲霜灵粉尘剂或5%灭霜灵粉尘剂 1 公斤/亩喷撒，间隔7天喷1次，连喷3次 3. 70%甲基托布津可湿性粉剂 600～800 倍液 4. 75%百菌清可湿性粉剂 500～600 倍液 5. 40%福星乳油 100 倍液涂抹病株

9. 枯萎病

俗称	发病条件	农业及物理防治	生物防治	化学防治
萎蔫病、蔓割病	1. 严重的土壤病害 2. 种子带病毒 3. 土壤中病菌可存活 5～6 年 4. 发病适温 24～27℃ 5. 空气湿度大于90% 6. 植株绑蔓、打杈造成伤口，使病菌侵入	1. 选用抗病品种 2. 种子消毒 3. 嫁接 4. 夏季高温闷棚，土壤消毒 5. 与非瓜类作物轮作 6. 清除病株，将病株周围土取走 7. 无土栽培		1. 50%多菌灵 4 公斤掺细土均匀撒在定植穴内 2. 50%多菌灵可湿性粉剂 500 倍液灌根

10. 黑星病

	发病条件	农业及物理防治	生物防治	化学防治
国外传入	1. 种子带菌 2. 田园残存病原体 3. 发病适温20～22℃ 4. 空气相对湿度＞90% 5. 种植密度大、窝风、光照不足	1. 对进口种子检疫 2. 种子消毒 3. 清洁田园、及时清除病株 4. 轮作 5. 合理密植、通风、透光	1. 1%武夷霉素水剂100倍液，间隔5天喷1次，连喷3～4次	1. 6.5%甲霜灵粉尘剂或5%灭霜灵粉尘剂1公斤/亩机喷 2. 50%多菌灵可湿性粉剂800倍液 3. 25%杜邦福星乳油9 000倍液7～10天喷1次，连喷2次 4. 福星乳油和灭霉灵粉尘剂交替使用效果更好

11. 灰霉病

发病条件	农业及物理防治	生物防治	化学防治
1. 病菌从开败的雌花侵入 2. 发病适温20℃左右 3. 持续90%以上的湿度 4. 光照不足、通风不好	1. 轮作 2. 棚室消毒、土壤消毒 3. 清洁田园、及时摘除开败的花瓣 4. 调控温湿度		1. 40%百扑烟剂（百菌清、扑海因混剂）300克/亩熏烟 2. 5%百菌清粉尘剂机喷 3. 50%扑海因可湿性粉剂1 000倍液间隔7天喷1次，连喷2～3次 4. 始花期保果灵500倍液蘸雌花

12. 黄瓜菌核病

发病条件	农业及物理防治	生物防治	化学防治
1. 种子及田园存在病原菌 2. 发病适温 15～25℃左右 3. 空气相对湿度 >85% 4. 低温高湿下发病重	1. 倒茬轮作 2. 种子消毒 3. 清洁田园 4. 温湿度调节 5. 杜绝大水漫灌		1. 45%百菌清烟雾剂 300 克/亩密闭熏烟 2. 50%扑海因可湿性粉剂 1 000 倍液 3. 40%菌核净可湿性粉剂 1 000～1 500 倍液间隔 7 天喷 1 次，连喷 4～5 次

13. 花叶病毒病

发病条件	农业及物理防治	生物防治	化学防治
1. 蚜虫、白粉虱通过植株伤口传播病毒 2. 发病适温 20℃	1. 选用抗病品种 2. 采用黄板，防虫网等物理手段防虫 3. 在打杈、绑茎，采收时注意不要碰伤植株 4. 清除病株		1. 20%病毒 A 或38%抗病毒 1 号可湿性粉剂 600～700 倍液或 6～10 天喷 1 次，连喷 4～5 次

14. 瓜蚜

俗称	发病条件	农业及物理防治	生物防治	化学防治
棉蚜、腻虫、蜜虫	1. 瓜蚜繁殖适温 16～22℃，湿度75%以下 2. 干旱、湿度偏高时虫害增多	1. 清除田间杂草 2. 25℃以上温度和空气湿度大于 75%时不利于蚜虫繁殖 3. 黄板诱杀、银灰膜避蚜 4. 防虫网阻隔防范	天敌灭蚜（七星瓢虫、食蚜蝇）	1. 10%杀瓜蚜烟剂 400 克闭棚熏烟 2. 2.5%功夫乳油 3 000 倍液 3. 10%吡虫啉可湿性粉剂 2 500 倍液 4. 20%灭扫利乳油 2 000 倍液间隔 6 天喷 1 次，连喷 3～4 次

15. 温室白粉虱

俗称	发病条件	农业及物理防治	生物防治	化学防治
小白蛾	1. 冬季北方温室外不能存活，温室越冬繁殖 2. 繁殖适温16～22℃	1. 清洁田间 2. 通风口加防虫网 3. 培育无虫苗 4. 黄板诱杀	1. 植株上0.5～1头粉虱时放丽蚜小蜂蜂蛹，每株3～5头，10天放1次，共放3～4次 2. 利用昆虫病原真菌，白僵菌防治粉虱	1. 22% DDV 烟剂0.5公斤/亩熏烟 2. 25%扑虱灵可湿性粉剂1 000～2 000倍液喷雾 3. 40%乐果乳油1 000倍液喷雾

16. 斑潜蝇

发病条件	农业及物理防治	生物防治	化学防治
1. 幼虫活动温度为25～30℃，超过35℃活动受抑制 2. 降雨和高温不利于蛹的发育	1. 禁止从疫区引种 2. 灌水、深耕消灭蝇蛹 3. 高温闷棚 4. 黄板诱杀	三嗪嘧啶10%悬浮液1 500倍液喷洒	1. 10%吡虫啉可湿性粉剂1 500倍液 2. 40%毒死蜱乳油1 000倍液喷洒

附录 2

无公害食品　黄瓜

1　范围

本标准规定了无公害食品黄瓜的要求、试验方法、检验规则、标志、包装、运输和贮存。

本标准适用于无公害食品鲜食黄瓜，不适用于加工用黄瓜。

2　规范性引用文件

下列文件中的条款通过本标准的引用而成为本标准的条款。凡是注日期的引用文件，其随后所有的修改单（不包括勘误的内容）或修订版均不适用于本标准，然而，鼓励根据本标准达成协议的各方研究是否可使用这些文件的最新版本。凡是不注日期的引用文件，其最新版本适用于本标准。

GB/T 5009.12　食品中铅的测定方法

GB/T 5009.15　食品中镉的测定方法

GB/T 5009.20　食品中有机磷农药残留量的测定方法

GB/T 8855　新鲜水果和蔬菜的取样方法

GB/T 8868　蔬菜塑料周转箱

GB 14877　食品中氨基甲酸酯类农药残留量的测定方法

GB 14878　食品中百菌清残留量的测定方法

GB/T 14929.4　食品中氯氰菊酯、氰戊菊酯和溴氰菊酯残留量测定方法

GB 14973　食品中粉锈宁残留量的测定方法

GB/T 15401　水果、蔬菜及其制品亚硝酸盐和硝酸盐含量的测定

3　要求

3.1　感官

无公害食品黄瓜应是同一品种或相似品种，长短和粗细基本均匀，无明显缺陷（缺陷包括机械伤、腐烂、异味、冻害和病虫害）。

3.2　卫生

卫生要求应符合下表的规定。

无公害食品黄瓜卫生要求

序号	项　目	指　标（毫克/公斤）
1	敌敌畏（dichlorvos）	≤0.2
2	乐果（dimethoate）	≤1
3	乙酰甲胺磷（acephate）	≤0.2
4	氯氰菊酯（cypermethrin）	≤0.5
5	氰戊菊酯（fenvalerate）	≤0.2
6	抗蚜威（pirimicarb）	≤1
7	百菌清（chlorothalonil）	≤1
8	三唑酮（triadimefon）	≤0.2
9	铅（以 Pb 计）	≤0.2
10	镉（以 Cd 计）	≤0.05
11	亚硝酸盐（以 NO_2^- 计）	≤4

注1：根据《中华人民共和国农药管理条例》，剧毒和高毒农药不得在蔬菜生产中使用

4　试验方法

4.1　感官要求的检测

品种特征、腐烂、冻害、病虫害及机械伤害等，用目测法鉴定。病虫害有明显症状或症状不明显而有怀疑者，应取样瓜剖开检验。

4.2　卫生要求的检测

4.2.1　敌敌畏、乐果、乙酰甲胺磷

按 GB/T 5009.20 规定执行。

4.2.2　氯氰菊酯、氰戊菊酯

按 GB 14929.4 规定执行。

4.2.3　抗蚜威

按 GB 14877 规定执行。

4.2.4　百菌清

按 GB 14878 规定执行。

4.2.5　三唑酮

按 GB/T 14973 规定执行。

4.2.6　铅

按 GB/T 5009.12 规定执行。

4.2.7　镉

按 GB/T 5009.15 规定执行。

4.2.8　亚硝酸盐

按 GB/T 15401 规定执行。

5　检验规则

5.1　检验分类

5.1.1　型式检验

型式检验是对产品进行全面考核，即对本标准规定的全部要求进行检验。有下列情形之一者应进行型式检验。

a）国家质量监督机构或行业主管部门提出型式检验要求；

b）前后两次抽样检验结果差异较大；

c）因人为或自然因素使生产环境发生较大变化。

5.1.2　交收检验

每批产品交收前，生产单位都要进行交收检验。交收检验内容包括感官、标志和包装。检验合格后并附合格证方可交收。

5.2　组批规则

同一产地、同时采收的黄瓜作为一个检验批次。

5.3 抽样方法

按照 GB/T 8855 中的有关规定执行。

报验单填写的项目应与实货相符，凡与实货单不符，品种、等级、规格混淆不清，包装容器严重损坏者，应由交货单位重新整理后再行抽样。

5.4 包装检验

应按 7.1 的规定进行。

5.5 判定规则

5.5.1 每批受检样品抽样检验时，对有缺陷的样品做记录。不合格百分率按有缺陷的瓜条数计算。

5.5.2 卫生要求有一项不合格，该批次产品为不合格。

6 标志

包装上的标志和标签应标明产品名称、生产者、产地、净含量和采收日期等，字迹应清晰、完整、准确。

7 包装、运输和贮存

7.1 包装

7.1.1 用于黄瓜的包装容器，整洁、干燥、牢固、透气、无污染、无异味，内壁无尖突物，纸箱无受潮、离层现象。塑料箱应符合 GB/T 8868 的要求。

7.1.2 每批黄瓜所用的包装、单位净含量应一致。

7.1.3 包装检验规则：逐件称量抽取的样品，每件的净含量应一致，不应低于包装外标志的净含量。

7.2 运输

7.2.1 黄瓜收获后应就地整修。

7.2.2 及时包装、运输。

7.2.3 运输时，应做到轻装、轻卸，严防机械损伤，应防热、防冻、防雨淋。运输工具应清洁、卫生。

7.3　贮存

7.3.1　临时贮存应在阴凉、通风、清洁、卫生的条件下，严防暴晒、雨淋、高温、冷冻、病虫害及有毒物质的污染。堆放时应轻装、轻卸，严防挤压碰撞。

7.3.2　冷藏时堆垛应小心谨慎，严防果实损伤，堆码方式须保证气流能均匀地通过垛堆。

7.3.3　贮存库中温度宜保持在 10～13℃，空气相对湿度保持在 90%～95%。

7.3.4　贮存库应有通风换气装置，确保温度和相对湿度的稳定和均匀。

附录3

无公害食品 黄瓜
生产技术规程

无公害食品 黄瓜生产技术规程 NY/T 5075—2002

1 范围

本标准规定了无公害食品黄瓜的产地环境要求和生产管理措施。
本标准适用于无公害食品黄瓜生产。

2 规范性引用文件

下列文件中的条款通过本标准的引用而成为本标准的条款。
凡是注日期的引用文件,其随后所有的修改单(不包括勘误的
内容)或修订版均不适用于本标准,然而,鼓励根据本标准达
成协议的各研究是否可使用这些文件的最新版本。

GB 4285 农药安全使用标准

GB/T 8321(所有部分)农药合理使用准则

NY 5010 无公害食品 蔬菜产地环境条件

3 产地环境

应符合 NY 5010 的规定,选择地势高燥,排灌方便,土层
深厚、疏松、肥沃的地块。

4 生产技术管理

4.1 保护设施

包括日光温室、塑料棚、连栋温室、改良阳畦、温床等。

4.2 多层保温

棚室内外增设的二层以上覆盖保温措施。

4.3 栽培季节的划分

4.3.1 早春栽培

深冬定植、早春上市。

4.3.2 秋冬栽培

秋季定植、初冬上市。

4.3.3 冬春栽培

秋末定植，春节前上市。

4.3.4 春提早栽培

终霜前 30 天左右定植，初夏上市。

4.3.5 秋延后栽培

夏末初秋定植，9 月末 10 月初上市。

4.3.6 长季节栽培

采收期 8 个月以上。

4.3.7 春夏栽培

晚霜结束后定植，夏季上市。

4.3.8 夏秋栽培

夏季育苗定植，秋季上市。

4.4 品种选择

选择抗病、优质、高产、商品性好、适合市场需求的品种。冬春、早春、春提早栽培选择耐低温弱光、对病害多抗的品种；春夏、夏秋、秋冬、秋延后栽培选择高抗病毒病、耐热的品种；长季节栽培选择高抗，多抗病害，抗逆性好，连续结果能力强的品种。

4.5 育苗

4.5.1 育苗设施选择

根据季节不同选用温室、塑料棚、阳畦、温床等育苗设施，夏秋季育苗应配有防虫、遮阳设施。有条件的可采用穴盘育苗和工厂化育苗，并对育苗设施进行消毒处理，创造适合秧苗生长发育的环境条件。

4.5.2　营养土配制

4.5.2.1　营养土要求：pH 5.5～7.5，有机质 2.5%～3%，有效磷 20～40 毫克/公斤，速效钾 100～140 毫克/公斤，碱解氮 120～150 毫克/公斤。孔隙度约 60%，土壤疏松，保肥保水性能良好。配制好的营养养土均匀铺子播种床子，厚度 10 厘米。

4.5.2.2　工厂化穴盘或营养钵育苗营养土配方：2 份草炭加 1 份蛭石，以及适量的腐熟农家肥。

4.5.2.3　普通苗床或营养钵育苗营养土配方：选用无病虫源的田土占 1/3、炉灰渣（或腐熟马粪，或草炭土，或草木灰）占 1/3，腐熟农家肥占 1/3。不宜使用未发酵好的农家肥。

4.5.3　育苗床土消毒

按照种植计划准备足够的播种床。每平方米播种床用福尔马林 30～50 毫升，加水 3 升，喷洒床土，用塑料薄膜闷盖 3 天后揭膜，待气体散尽后播种。或 72.2% 霜霉威水剂 400 倍液；或按每平方米苗床用 15～30 毫克药土作床面消毒。方法：用 8～10 克 50% 多菌灵与 50% 福美双混合剂（按 1:1 混合），与 15～30 公斤细土混合均匀撒在床面。

4.5.4　种子处理

4.5.4.1　药剂浸种。用 50% 多菌灵可湿性粉剂 500 倍液浸种 1 小时，或用福尔马林 300 倍液浸种 1.5 小时，捞出洗净催芽可防治枯萎病、黑星病。

4.5.4.2　温汤浸种。将种子用 55℃ 温水浸种 20 分钟，用清水冲净黏液后晾干再催芽（防治黑星病、炭疽病、病毒病、菌核病）。

4.5.5　催芽

消毒后的种子浸泡 4～6 小时后捞出洗净，置于 28℃ 催芽。包衣种子直播即可。

4.5.6 播种期

根据栽培季节、育苗手段和壮苗指标选择适宜的播种期。

4.5.7 种子质量

种子纯种≥95%，净度≥98%，发芽率≥95%，水分≤8%。

4.5.8 播种量

根据定植密度，每亩栽培面积育苗用种量100～150克，直播用种量200～300克。每平方米播种床播25～30克。

4.5.9 播种方法

播种前浇足底水，湿润至深10厘米。水渗下后用营养土找平床面。种子70%破嘴均匀撒播，覆盖营养土1.0～1.5米。每平方米苗床再用50%多菌灵8克，拌上细土均匀撒于床面上，防治猝倒病。冬春播种育苗床面上覆盖地膜，夏秋床面覆盖遮阳网或稻草，70%幼苗顶土时撤除床面覆盖物。

4.5.10 苗期管理

4.5.10.1 温度：夏秋育苗主要靠遮阳降温。冬春育苗温度管理见下表。

苗期温度调节表

时期	白天适宜温度（℃）	夜间适宜温度（℃）	最低夜温（℃）
播种至出土	25～30	16～18	15
出土至分苗	20～25	14～16	12
分苗或嫁接后至缓苗	28～30	16～18	13
缓苗后到炼苗	25～28	14～16	13
定植前5～7天	20～23	10～12	10

4.5.10.2 光照：冬春育苗采用反光幕或补光设施等增加光照；夏秋育苗要适当遮光降温。

4.5.10.3 水肥：分苗时水要浇足，以后视育苗季节和墒情适当浇水。苗期以控肥为主。在秧苗3～4叶时，可结合苗情追0.3%尿素。

4.5.10.4　其他管理

4.5.10.4.1　种子拱土时撒一层过筛床土加快种壳脱落。

4.5.10.4.2　分苗：当苗子叶展平，真叶显现，按株行距10厘米分苗。最好采用直径10厘米营养钵分苗。

4.5.10.4.3　扩大营养面积：秧苗2~3叶时加大苗距。

4.5.10.4.4　炼苗：冬春育苗，定植前1周，白天20~23℃，夜间10~12℃。夏秋育苗逐渐撤去遮阳网，适当控制水分。

4.5.10.5　嫁接

4.5.10.5.1　嫁接方法：靠接法，南瓜比黄瓜早播种2~3天，在黄瓜有真叶显露时嫁接。插接，南瓜比黄瓜早播种2~3天。在南瓜子叶展叶平有第一片真叶，黄瓜两子叶一心时嫁接。

4.5.10.5.2　嫁接苗的管理：将嫁接苗栽入直径10厘米的营养钵中，覆盖小拱棚避光2~3天，提高温度，以利伤口愈合。7~10天接穗长出新叶后撤掉小拱棚，靠接要断接穗根。其他管理参见4.5.10.1~4.5.10.4。

4.5.10.6　壮苗的标准

子叶完好、茎基粗、叶色浓绿，无病虫害。冬春育苗，株高15厘米左右，5~6片时。夏秋育苗，2~3片叶，株高15厘米左右，苗龄20天左右。长季节栽培根据栽培季节选择适宜的秧苗。

4.6　定植前准备

4.6.1　整地施基肥

根据土壤肥沃和目标产量确定施肥总量。磷肥全部作基肥。钾肥1/3作基肥，氮肥1/3作基肥。基肥以优质农家肥为主、2/3撒施，1/3沟施，按照当地植习惯作畦。

4.6.2　棚室消毒

棚室在定植前要进行消毒，每亩设施用80%敌敌畏乳油250克拌上锯末，与2 000~3 000克硫磺粉混合，分10处点燃，密闭一昼夜，放风后无味时定植。

4.7 定植

4.7.1 定植时间

10厘米最低土温稳定通过12℃后定植。

4.7.2 定植方法及密度

采用大小行栽培，覆盖地膜。根据品种特性、气候条件及栽培习惯，一般每亩定植3 000~4 000株，长季节大型温室、大棚栽培亩定植1 800~2 000株。

4.8 田间管理

4.8.1 温度

4.8.1.1 缓苗期：白天28~30℃，晚上不低于18℃。

4.8.1.2 缓苗后采用四段变温管理：8~14时，25~30℃；14~17时，25~20℃；17~24时，15~20℃；24时~日出，15~25℃。

4.8.2 光照

采用透光性好的耐候功能膜，保持膜面清洁，白天揭开保温覆盖物，日光温室后部张挂反光幕，尽量增加光照强度和时间。夏秋季节适当遮阳降温。

NY/T 5075—2002

4.8.3 空气湿度

根据黄瓜不同生育阶段对湿度的要求和控制病害的需要，最佳空气相对湿度的调控指标是缓苗期80%~90%、开花结瓜期70%~85%。生产上要通过地面覆盖、滴灌或暗灌、通风排湿、温度调控等措施控制在最佳指标范围。

4.8.4 二氧化碳

冬春季节补充二氧化碳，使设施内的浓度在800~1 000毫克/公斤。

4.8.5 肥水管理

4.8.5.1 采用膜下滴灌或暗灌。定植后及时浇水，3~5天后浇缓苗水，根瓜坐住后，结束蹲苗，浇水追肥，冬春季节不浇

明水，土壤相对湿度保持60%~70%，夏秋季节保持在75%~85%。

4.8.5.2 根据黄瓜长相和生育期长短，按照平衡施肥要求施肥，适时追施氮肥和钾肥。同时，应有针对性地喷施微量元素肥料，根据需要喷施叶面肥防早衰。

4.8.5.3 不允许使用的肥料。在生产中不应使用未经无害处理和重金属元素含量超标的城市垃圾、污泥和有机肥。

4.8.6 植株调整

4.8.6.1 吊蔓或插架绑蔓：用尼龙绳吊或用细竹竿插架绑蔓。

4.8.6.2 摘心、打底叶：主蔓结瓜，侧枝留一瓜一叶摘心。25~30片时摘心，长季节栽培不摘心，采用落蔓方式。病叶、老叶、畸形瓜要及时打掉。

4.8.7 及时采收

适时早采摘根瓜，防止坠秧。及时分批采收，减轻植株负担，以确保商品果品质，促进后期果实膨大，产品质量应符合无公害食品要求。

4.8.8 清洁田园

将残枝败叶片和杂草清理干净，集中进行无害化处理，保持田间清洁。

4.8.9 病虫害防治

4.8.9.1 主要病虫害

田间主要病虫害：霜霉病、细菌性角斑病、炭疽病、黑粉病、疫病、枯萎病、蔓枯病、灰霉病、菌核病、病毒病、蚜虫、白粉虱、烟粉虱、根结线虫、茶黄螨、潜叶蝇。

4.8.9.2 防治原则

按照"预防为主，综合防治"的植保方针，坚持以"农业防治、物理防治、生物防治为主，化学防治为辅"的无害化治理原则。

4.8.9.3 农业防治

4.8.9.3.1 抗病品种：针对当地主要病虫控制对象，选用高抗多抗的品种。

4.8.9.3.2 创造适宜的生育环境条件：培育适龄壮苗，提高抗逆性；控制好温度和空气湿度，适宜的肥水，充足的光照和二氧化碳，通过放风和辅助加温，调节不同生育时期的适宜温度，避免低温和高温障害；深沟高畦，严防积水，清洁田园，做到有利于植株生长发育，避免侵染性病害发生。

4.8.9.3.3 耕作改制：与非瓜类作物轮作 3 年以上。有条件的地区实行水旱轮作。

4.8.9.3.4 科学施肥：测土平衡施肥，增施充分腐熟的有机肥，少施化肥，防止土壤盐渍化。

4.8.9.4 物理防治

4.8.9.4.1 设施防护：在放风口要有防虫网封闭，夏季覆盖塑料薄膜、防虫网和遮阳网，进行避雨、遮阳、防虫栽培，减轻病虫害的发生。

4.8.9.4.2 黄板诱杀：设施内悬挂黄板诱杀蚜虫等害虫。黄板规格 25 厘米×40 厘米，每亩悬挂 30～40 块。

4.8.9.4.3 银灰膜驱避蚜虫：铺银灰色地膜或张挂银灰膜条避蚜。

NY/T 5075—2002

4.8.9.4.4 高温消毒：棚室在夏季宜利用太阳能进行土壤高温消毒处理。高温闷棚防治黄瓜霜霉病；选晴天上午，浇一次大水后封闭棚室，将棚温提高到 46～48℃，持续 2 小时，然后从顶部慢慢加大放风口。缓缓使室温下降。以后如需要每隔 15 天闷棚一次。闷棚后加强肥水管理。

温汤浸种。

4.8.9.4.5 杀虫灯诱杀害虫，利用频振杀虫灯、黑光灯、高压汞灯、双波灯诱杀害虫。

4.8.9.5　生物防治

4.8.9.5.1　天敌：积极利用天敌，防治病虫害。

4.8.9.5.2　生物药剂：采用浏阳霉素、农抗120、印楝素、农用链霉素、新植霉素等生物农药防治病虫害。

4.8.9.6　主要病虫害的药剂防治

使用药剂防治应符合 GB 4285、GB/T 8321（所有部分）的要求。保护地优先采用粉尘法、烟熏法。注意轮换用药，合理混用。严格控制农药安全间隔期。

4.8.9.7　不允许使用的剧毒、高毒农药：生产上不允许使用甲胺磷、甲基对硫磷、对硫磷、久效磷、磷胺、甲拌磷、甲基异柳磷、甲基硫环磷、治螟磷、内吸威、克百威、涕来威、灭线磷、磷环磷、蝇毒磷、地虫硫磷、氯唑磷、苯线磷等剧毒、高毒农药。

SeranoF1

戴多星

京研迷你1号

全雌性系品种

膜下滴灌

国外引进品种

工厂化育苗

竹竿支架

冬春茬育苗加小拱棚

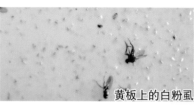
煤炉加温

大型温室暖风加温

黄板上的白粉虱

有机生态型无土栽培

白粉病

日光温室冬春茬栽培定植后

地膜覆盖